U0289897

核石墨
力学性能测试与分析

刘广彦 易亚楠 马沁巍 马少鹏 著

清华大学出版社

北京

内 容 简 介

本书详细介绍了核反应堆中石墨材料的结构力学性能的先进测试及分析方法,主要涉及数字图像相关等光测力学方法在核石墨这种准脆性材料及由它构成的若干复杂核石墨结构力学性能测试中的应用。测试及研究的力学性能包括核石墨材料的弹性参数、强度准则、损伤演化规律、断裂韧性以及核石墨结构的接触强度和碰撞性能等。第1章简要介绍核反应堆的发展历史及核石墨材料的制作工艺和基本性能;第2章介绍核石墨材料的弹性参数、抗拉强度的测试方法以及在复杂应力条件下的强度准则;第3章介绍核石墨材料在单向应力和复杂应力状态下的损伤演化规律反演分析方法;第4章介绍核石墨材料在准静态和动态加载条件下的断裂韧性测试方法;第5章介绍核石墨线接触和点接触结构的失效强度及机理;第6章介绍核石墨构件碰撞动力学参数测试方法。

本书可为核工程领域从事核石墨结构设计的科技和工程技术人员提供借鉴和指导,也可作为高等院校相关专业本科生和研究生的参考用书。

图书在版编目(CIP)数据

核石墨力学性能测试与分析/刘广彦等著.—北京:清华大学出版社,2023.7
ISBN 978-7-302-64199-5

Ⅰ.①核… Ⅱ.①刘… Ⅲ.①核石墨－材料力学性质－研究 Ⅳ.①TL342

中国国家版本馆 CIP 数据核字(2023)第 135126 号

责任编辑:佟丽霞
封面设计:常雪影
责任校对:赵丽敏
责任印制:宋　林

出版发行:清华大学出版社
　　　　网　　　址:https://www.tup.com.cn,https://www.wqxuetang.com
　　　　地　　　址:北京清华大学学研大厦 A 座　　　邮　　编:100084
　　　　社 总 机:010-83470000　　　邮　　购:010-62786544
　　　　投稿与读者服务:010-62776969,c-service@tup.tsinghua.edu.cn
　　　　质量反馈:010-62772015,zhiliang@tup.tsinghua.edu.cn
印 装 者:三河市龙大印装有限公司
经　　销:全国新华书店
开　　本:185mm×260mm　　印　张:10.25　　　字　　数:245 千字
版　　次:2023 年 9 月第 1 版　　　　　　　　　印　　次:2023 年 9 月第 1 次印刷
定　　价:89.00 元

产品编号:100663-01

序言一

《核石墨力学性能测试与分析》一书是刘广彦、易亚楠、马沁巍和马少鹏等作者前后十多年科研成果的累积和心血凝结。从 2008 年开始至今,清华大学核研院承担国家重大专项高温气冷堆核电站的技术研发,其中有关石墨堆内构件结构完整性的科研任务就正式批准立项。为了充分发挥不同高校和科研单位的专业特长,促进重大专项完成进度,提高科研资金使用效率,依据相关管理办法委托作者所在的北京理工大学宇航学院力学系承担了包括"石墨砖碰撞动力学实验研究"、"石墨球床弹性模量和堆侧壁压力实验研究"、"石墨机械加工应力集中实验研究"、"石墨构件接触强度实验研究"、"石墨结构抗震实验测试研究"和"石墨材料动态力学性能实验研究"等一系列科研课题,这些课题的研究成果构成了本书第 2 章至第 6 章的主体部分。作为高温堆示范工程堆内构件设计和上述石墨堆内构件结构完整性科研任务的负责人,我有幸参与到上述各石墨材料力学性能实验科研课题的立项论证、实验过程分析讨论和最终验收全过程。结合本书文稿和具体科研课题执行的全过程,本书的内容和撰写有以下一些显著特点:

(1) 科研课题直接来源于国家重大专项科技创新的真实需求,均有很具体直接的工程背景,这一点从上述科研课题的名称和本书内容都有体现。比如石墨砖碰撞动力学实验研究中,不仅研究了最简单的石墨砖块的正碰撞,还结合实际工况研究了斜碰,甚至是带有键、榫等真实堆内构件零部件的碰撞过程;

(2) 所有实验研究的过程并不总是一帆风顺、能完全按照最初规划设计进行的,需要不断地试错、反馈、总结、改进。比如在碰撞实验中,先后调研和预实验了气轨方案、沙狐球台方案、摆臂碰撞方案,甚至也探讨了应用磁悬浮技术的可能性,最终通过必选选择了轨道式碰撞加载装置,得到了比较理想的实验结果。这种不断探索、失败、反思、总结、再实验的过程,是科研工作中重要的实践模式,也是一种正常科研状态的真实写照;

(3) 作者不满足于仅从实验观测角度去完成科研任务,而是努力从本质上探讨实验现象、过程和结果背后的机理,例如接触结构的模拟结果及损伤破坏过程分析。这种探讨对于深刻理解工程问题和现象非常有益,能够透过现象看到事物的本质,也许今天所理解的机理还不那么完美,但是通过不断地追求和探索,才能努力达到全面彻底理解石墨材料力学性能的目的。

正是由于上述科研课题的工程背景和实验研究的科学探索过程,我想不同类型的读者也许都会读出自己心中的"哈姆雷特":对于从事核工程与科学特别是涉及石墨材料和结构设计的专业技术人员,通过本书应该能够读懂很多设计、标准和规范背后的"为什么要这样做";对于高等院校相关专业本科生和研究生,能够看出材料力学和实验力学都有什么能耐,能解决什么样的关键技术问题;对于青少年和普通公众,也许会初步了解到科研和工程相结合的魅力,认识到我国科技工作者和工程技术人员的能力和水平。

本书是一个"把论文写在祖国大地上"很好的案例,希望大家都能喜欢,通过阅读有所收益。

孙立斌

于清华大学

2022 年 10 月

序言二

从 2008 年冬天和清华大学核能与新能源技术研究院几位老师接触并达成第一个合作协议至今,不觉间已带领团队做核石墨相关的实验力学研究近十五年了,细算下来时间跨度接近我科研生涯的三分之二时间。虽然我很少标榜自己的学术标签中有核石墨这一项,但这十五年间,我和团队老师指导的博士、硕士研究生中有近十位以此为论文题目,在此方向上我们也发表了近二十篇学术论文,还成功获批了两项国家自然科学基金项目。细想下来,这十五年关于核石墨力学行为的研究确实构成了我科研生涯极其重要的组成部分。

力学是一个偏基础的工程学科,青年力学科研工作者在科研生涯早期一个很重要的需求是寻找一个合适的应用领域,或者叫行业。一方面,合适的行业能够给力学研究提供应用场景,从行业的关键需求中挖掘出好的力学问题。另一方面,或者更为重要的是,从行业中获得的经费资助对于科研工作者壮大研究队伍,改善实验研究条件等至关重要。但青年科研工作者进入行业,需要很长时间适应,也需要很大的努力才能"活下来"。我在研究工作的起步阶段,有幸在几位核反应堆结构力学领域一线专家的支持和指引下,围绕核反应堆石墨材料/结构的力学性能测试与分析开展研究十余年,不但获得持续的科研经费支持,而且研究过程一直愉快且有收获,实在是一种幸运。本书成书之际,首先要感谢清华大学核能与新能源技术研究院的孙立斌、史力、王洪涛三位老师。这十五年愉快而有收获的合作,完全根源于他们的优良品质。几位老师认真负责做国家重大工程,同时又有很强的探索精神,具备高校教授少有的工程科学家思维,每次和他们的思想碰撞都令我印象深刻。这些年他们给了我极大的宽容与肯定,包容我的失败和不足,并倾力助我解决问题,在我取得些许成绩时,亦是不吝赞美之词加以肯定。正是在他们的支持鼓励与陪伴之下,我才能带领团队坚持不懈地开展相关研究工作。

我要真诚地感谢直接参与此项工作的人,包括我的合作者和学生们。马沁巍是我的学生和多年的工作助手,他工作努力、有热情,同时也很有思路,特别是执行力强。此项工作他从最开始就是骨干,一直到现在还是关键的组织者和参与者。刘广彦的研究方向是计算力学和纤维增强复合材料力学,2015 年我们开始合作。他师出名门,学问扎实,之前的研究方法和积累很快在核石墨这种复合材料中找到了发挥空间,使相关研究很快推进,并不断产出高水平成果,使我深刻体会到了实验与计算合作的重要性。此次他主动承担重任整理书稿,算是给我这个"懒癌患者"兼"过度完美主义者"者一个极大的解脱。易亚楠是我的博士生和博士后，一直随我从事核石墨材料性能及接触结构相关的研究。她认真负责，近几年不但顺利完成博士和博士后研究工作，还协助广彦做此项研究的整理工作。博士生赵尔强以及硕士生云礼宁、庞家志和于全庆是团队在核石墨材料/结构方面研究的开拓者，他们在石墨结构碰撞、接触和损伤破坏领域的研究为后续相关研究打下了坚实的基础。在此基础上，硕士生何志峰、张若楠、王璐、林广等分别在接触强度分析、应力集中、损伤反演、抗拉强度测量方面开展了研究工作。同时感谢博士生邢同振以及硕士生刘贺同、张晓娟在石墨材料抗压强度、接触强度、抗拉强度方面的实验研究，感谢硕士生高先智、贾仕刚在接触结构数值分析方面的贡献。北京理工大学宇航学院赵颖涛老师也是此期间的重要合作者。颖涛的理论功底很扎实，他给出的模型和机理方面的建议均能很好地解决我的困惑，或者直接提升研究的档次。此外，由于成书体系的原因，此书中未包含这期间还做过的一个很有趣的研究，即"石墨球床弹性参数和对堆内构件压力分布的测量"。在此研究中，北京理工大学物理学院的史庆藩教授带领我认识了散体、球床，并承担了球床对筒壁压力的测试工作，硕士生马方园负责了球床等效弹性模量测试的研究工作，趁此机会一并表示感谢。此外，西南交通大学康国政教授和蒋晗教授研究期间到访北京理工，对我的工作表示肯定并在后期给予了重点实验室开放基金支持，在此表示特别感谢。同时还要感谢北京理工大学汪小明老师在实验装置搭建方面给予的大力支持，感谢刘战伟教授在多次深入讨论中给予的宝贵建议。本书中介绍的核石墨材料/结构力学性能测试与分析工作基本围绕一个思路，即用光测力学方法实验研究核石墨（一种准脆性材料）的力学性能。如果说这十多年的研究还算顺利，特别是能够赢得合作单位的支持和肯定，除了前述合作者、学生的踏实工作外，一个很重要的原因是团队之前在光测力学和岩石（一种典型的准脆性材料）力学方面研究的积累。为此，我要特别感谢我的博士生导师，已退休的清华大学金观昌教授，把我带进了光测力学的大门。同时，也要感谢我的硕士生导师，辽宁工程技术大学王来贵教授和潘一山教授，把我引入了岩石力学大门。事实上，在此项研究开展过程中，很多时候就是直接把之前研究对象由岩石换成石墨，再兼顾考虑一下石墨材料特性和核能行业特殊需求即可，这种"拿来主义"操作极大地提升了科研效率，缩减了科研成本。为此，也要感谢早期几位虽未直接参加此项研究，但其工作被此研究直接应用的学生。豆清波是我的第一个硕士，他硕士论文所做的用变形场反演岩石损伤演化的工作被我们改进后直接应用到石墨损伤演化的反演；郭文婧在硕士期间所做的岩石动态断裂工作的实验和数据处理方法用到石墨材料的动态断裂研究中也取得了很好效果。赵子龙、王显等人在数字图像相关方法方面的改进工作后来在复杂应力状态下石墨材料损伤反演难题研究中发挥了重要作用。

当然，最重要的感谢献给我原来的工作单位——北京理工大学宇航学院。北京理工大学的声誉和实力是我们能够与任务方达成合作的重要原因，学校和学院给予团队的各种支持，是我们能够顺利完成研究任务的重要保障。在此特别感谢北京理工大学，虽已离开多年，但心中常念，愿您越来越好！

因为热爱学习，这十五年在石墨方面的研究工作对我来说最快乐的事情还是学到了新东西。具体而言是被迫地进入一些新领域，学到了之前不可能接触、也不会下决心碰的一些新知识，如散体、碰撞、接触等；同时，被迫地深入到一些之前只是浅涉的领域，深入理解并掌握了一些基本概念或方法，如损伤反演等。因此，我要再一次感谢所有为此付出的学生，是他们教会了我这些知识。

核反应堆行业涉及学科极其庞杂,核石墨材料/结构只是其中组成部分之一。我们研究的力学性能也只是核石墨材料/结构性能评价的一部分,而且我们也只研究了其中少数几种。这一点点成果微不足道,且不一定正确。本书更多的是对一段经历的总结,如果有幸能对相关领域的研究或工程建设起到些许借鉴作用,则是我们这些普通科研工作者最大的慰藉。

马少鹏

于上海交通大学

2023 年 7 月

前　言

　　当今世界,几乎所有的工业化国家都面临着两个有关可持续发展的重大挑战:保证长期能源供应和减少环境污染。能源利用与环境保护已成为关系到人类未来生存和文明延续的重要问题,因而发展清洁、经济、安全、可持续的新能源来替代传统化石能源成为人类社会的共识。自20世纪40年代以来,半个多世纪核能的和平利用已使之成为迄今为止可替代有限化石能源的唯一大规模新能源。根据国际原子能机构(IAEA)的统计数据,截至2020年12月31日,全世界共有443台在役核电机组,总装机容量4.159亿千瓦。2020年全球核电全年发电量约占总发电量的10%,其中法国核电占比甚至超过70%。

　　目前国际上普遍将核反应堆的发展分为四个阶段。第Ⅰ代核反应堆以20世纪50—60年代的实验性原型堆为主。第Ⅱ代核反应堆主要包括20世纪70—80年代建造的大型商业反应堆。20世纪90年代后建造的第Ⅲ代核反应堆在完善系统设计、提高发电效率的同时引入了被动安全的概念,把预防和缓解严重事故作为了必要的安全性指标。2002年在日本东京召开的第Ⅳ代核能系统国际论坛会议上,核发达国家计划到2030年向市场推出能够解决核能经济性、安全性、废物处理和防止核扩散问题的第Ⅳ代核反应堆,其中高温气冷反应堆因其固有安全性和配置灵活性而成为第Ⅳ代核反应堆的主要候选堆型之一,我国更是在《国家中长期科学与技术发展规划纲要(2006—2020)》中将高温气冷堆核电站列为国家十六个重大专项之一。

　　作为高温气冷堆的堆芯结构材料、反射层和中子慢化剂,核石墨材料在高温气冷堆中用量巨大。以球床模块式高温气冷堆为例,反应堆堆芯(堆腔)由大量的石墨砖通过石墨键、销或榫连接堆砌而成,石墨砌体既是装载球形燃料元件的支撑结构,又是反射层,把泄漏出堆芯的中子反射回堆芯。堆芯内燃料球由包覆燃料颗粒和用于分散并包裹燃料颗粒的石墨基体制成,石墨基体既是燃料球的结构材料,又是中子的慢化材料。我国的HTR-10球床式高温气冷实验堆中的燃料球数目约为2.7万个,堆芯核石墨用量达60吨。我国拥有自主知识产权的世界首座高温气冷堆核电站示范工程——华能石岛湾高温气冷堆核电站的每座反应堆活性区有约42万个燃料球,其燃料球的石墨基体约80吨,整个高温气冷堆示范工程的堆芯结构需消耗1000吨的核石墨材料,其40年寿命内装卸燃料球的石墨基体材料高达2200吨。

目前我国可以自主生产核石墨,但现有高温气冷堆中的核石墨还全部依赖进口,国产核石墨实际应用于高温气冷堆中尚需时日。随着国际形势的变化尤其是中美贸易摩擦的升级,发达国家开始对我国实行核石墨禁运,为了发展具有自主产权的高温气冷堆产业,对国产核石墨进行力学性能测试和安全性评估,基于此对国产核石墨制备工艺进行迭代改进显得尤为迫切。但是目前国产核石墨的性能评估尚且匮乏,由于核石墨具有离散性、不均匀性以及准脆性等特点,导致对其力学性能进行评估时需要进行大量的重复性实验,因此急需发展一套成体系的简便且高效的力学性能测试方法。本书就是在这种背景下总结课题组多年来有关核石墨力学性能测试与分析研究工作的基础上编写完成的,其目的是为从事国产核石墨研发的科技和工程技术人员介绍课题组研发的一些先进力学性能测试方法,从而为国产核石墨力学性能评估和工艺改进提供参考和指导,为高温气冷堆核石墨国产化尽微薄之力。

在当前对清洁能源需求日益迫切和核安全要求越来越高的形势下,在核石墨材料性能方面还有许多问题需要研究,本书虽然对核石墨材料进行了一些测试和分析工作,但限于作者的知识和水平,这些研究工作仅涉及核石墨材料的部分力学性能,而且本书所阐述内容难免存在不当甚至错误之处,还请读者给予批评指正。

本书由刘广彦、易亚楠、马沁巍和马少鹏共同编写完成,研究生王璐和林广等参与了部分章节的编写工作。此外,本书的编写得到了清华大学核能技术设计研究院的支持,特别是得到了研究院孙立斌教授和史力研究员的大力帮助,作者在此表示衷心的感谢!

作　者

2022 年 10 月

目 录

第1章

绪　　论

1.1　核反应堆简介

1.1.1　核能发展历史

随着全球经济的迅速发展,人类面临的环境污染及能源危机日益严重,对新能源的开发和利用迫在眉睫,在此背景下核能作为清洁、经济、安全的新能源应运而生。1938 年德国科学家奥托·哈恩用中子轰击铀原子核,发现了核裂变现象,并掌握了分裂原子核的基本方法,这为核能的应用奠定了基础。1942 年 12 月 2 日美国芝加哥大学成功启动了世界上第一座核反应堆"芝加哥一号堆"(Chicago Pile-1),标志着人类进入核时代。1954 年苏联建成了世界上第一座商用核电站——奥布灵斯克核电站,这成为人类和平利用原子能的成功典范,人类开启了利用核能提供能源的新纪元(邹树梁,2005)。从此核能开始应用于军事、工业、航天和能源等领域,历经几十年,人类制造出了核动力潜艇(陈虹、冷文军,2008;Goodenough and Greig,2008;Schank et al.,2007)、核动力航母(陈善科,2002;Pottinger et al.,2017)、核动力破冰船(Khlopkin and Zotov,1997;杜国平,2010;Alekseev et al.,2005)、核动力巡洋舰(予阳,2004;Classics,2004)、核动力卫星(Angelo and Buden,1991;陈辛;1983)、核动力太空探测器(尹怀勤,2009;朱安文等,2017)、核动力飞机(姜永伟,2013;罗浩源,2016;吴仲杰,2019)以及各类核电站(Adamantiades and Kessides,2009)等,其中核电站是核能动力反应堆最重要的应用领域。截至 2020 年 12 月,全世界共有 30 多个国家和地区拥有核电站,运行中的核反应堆共 443 座,总装机容量为 4.159 亿千瓦。国际原子能机构(international atomic energy Agency,IAEA)发布的《2050 年能源、电力和核电预测》报告推测,在高值情况下,2050 年核电装机容量可能高达 11.13 亿千瓦(徐小杰、程覃思,2015)。

自 20 世纪 40 年代第一座核反应堆问世以来,核能系统迅速发展并经历了多个发展阶段,目前国际上普遍将核能动力系统分为四代(GIF,2002),如图 1.1 所示。第 I 代核电工程是利用原子核裂变能发电的初级阶段,这一阶段以开发早期的实验性原型堆核电厂为主,主要包括压水堆核电厂、沸水堆核电厂、重水堆核电厂、气冷堆核电厂和压力管式石墨水冷堆核电厂等。第Ⅱ代核电工程是商用核电厂迅速发展的阶段,基本上仿照了第Ⅰ代核电厂的模式,只是技术上更加成熟,容量逐步扩大。得益于石油涨价引发的能源危机,该时期成为商用核电站高速发展的辉煌时期,目前世界上运行的 400 多座核电站绝大多数是在这一时期建成。第Ⅲ代核电工程(欧阳予,2007)的发展要求始于 1979 年美国三里岛核事故和 1986 年苏联时期的切尔诺贝利核事故,该时期放缓了核电系统的发展,把主要目标设定为提高现有反应堆的安全性,为此美国和欧洲先后出台了《先进轻水堆用户要求》文件(URD 文件)和《欧洲用户对轻水堆核电站的要求》文件(EUR 文件),进一步明确了预防与缓解严重事故,提高安全可靠性等方面的要求。其中先进轻水堆是指采用轻水做慢化剂和冷却剂的堆型,主要包括先进压水堆(advanced pressurized water reactor,APWR)和先进沸水堆(advanced boiling water reactor,ABWR)。国际上通常把满足 URD 文件或 EUR 文件的核电工程称为第Ⅲ代核电工程。第Ⅳ代反应堆是一种新型的反应堆类型,在永续性、安全性、可靠性、经济性、少核废料、抑制核扩散与物理防护上均有很大的改善,第Ⅳ代反应堆的堆型不仅要具备发电或制氢等装置,还要具备核燃料循环装置,组成完整的核能利用系统。第Ⅳ代反应堆无需厂外应急,具有固有的安全性,预计在 2030 年左右可实现商用化,这一代反应堆主要包含六种堆型,即属于快中子堆的气冷快堆(gas-cooled fast reactor,GFR)、铅冷快堆(lead-cooled fast reactor,LFR)、钠冷快堆(sodium-cooled fast reactor,SFR),以及属于热中子堆的熔盐堆(molten salt reactor,MSR)、超临界水冷堆(super critical water-cooled reactor,SCWR)和超/高温气冷堆(very high temperature reactor,VHTR)。

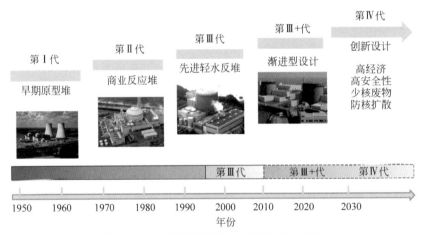

图 1.1 核反应堆发展历史(US DOE,2002)

核能可以通过核裂变、核聚变和核衰变得以释放,到目前为止,核电站领域都是利用可控核裂变能。核电站使用的燃料一般为放射性重金属铀和钍等。一块手机大小的核燃料爆炸释放出的能量约为 2 万吨 TNT 当量。核事故对环境、动物及人类影响最长久、危害最大的是核辐射,辐射种类主要包括 α 粒子、β 粒子、γ 射线、中子和热辐射等辐射危害(张玉敏等,2014;苏水香,2012;周平坤,2011)。在核能迅速发展的几十年里发生了多起严重核事故,如 1957 年苏联克什特姆核事故、1957 年英国温德斯格尔核电站火灾事故、1977 年捷克斯洛伐克博胡尼斯核电站事故、1979 年美国三里岛核电站泄漏事故、1986 年苏联切尔诺贝利核电站爆炸事故以及 2011 年日本福岛第一核电站事故等。虽然核电事故造成的危害比较大,但是其事故率却远远低于其他能源行业(张力,2000)。由国际能源署和经合组织核能机构联合发布的 2015 版《核能技术路线图》(Houssin et al.,2015)认为,核能仍然是未来中长期发展的重要能源。即便如此,核事故造成的严重影响依然令人感到恐惧,因此核电安全逐渐成为全人类共同关注的话题,也是未来核能研究的重中之重(樊吉社,2015)。在此背景下,具有更高安全性的第Ⅳ代核电技术成为未来核能发展的新宠儿,也是我国未来核电发展的重要方向(王世亨,2005;符晓铭、王捷,2007)。2002 年底,美国能源部选出气冷快堆、铅冷快堆、熔盐堆、钠冷快中子堆、超临界水冷堆、超/高温气冷堆六种堆型作为未来核反应堆的发展趋势并进行重点研究,其中模块式超/高温气冷堆因具有高经济性、高安全性、少核废料及防核扩散等优势成为未来核能的主要发展趋势之一(周红波等,2015;Zhang et al.,2004;吴宗鑫、张作义,2000)。我国更是在《国家中长期科学与技术发展规划纲要(2006—2020)》中将高温气冷堆核电站列为国家十六个重大专项之一(刘宏斌、苗强,2013)。下面将主要对高温气冷堆进行简要介绍。

1.1.2 高温气冷堆

高温气冷堆是以石墨作为慢化剂,氦气作为冷却剂的反应堆。它根据堆芯燃料元件的几何形状可分为球床模块式反应堆和六棱柱状环形反应堆两种。以球床模块式反应堆为例,其动力转换系统如图 1.2 所示(Dudley et al.,2008)。球床模块式反应堆采用的是布雷顿式热力循环系统,带有闭路的水冷间冷器和预冷器,透平与压缩机采用同轴设计,氦气冷却剂在近 500℃的温度和 9MPa 的压力下进入反应堆压力容器,流经反应堆堆芯后被加热到约 900℃,再从容器底部进入透平做功,做功后的冷却剂在约 500℃的温度和 3MPa 的压力下离开透平,然后流经高效的回热器,再通过间冷器、预冷器和压缩机进行两次冷却和再压缩,之后流经回热器的次级侧并被重新加热到 500℃,最后返回堆芯进入下一次循环。

图 1.2 模块式高温气冷堆工作原理(Dudley et al.,2008)

模块式高温气冷堆具有诸多优点(吴宗鑫,2000;吴宗鑫、张作义,2004;陈伯清,2006;沈苏、苏宏,2004):①高安全性。堆芯结构由熔点高于 3000℃的石墨组成,堆芯内的燃料球(颗粒燃料分布在石墨基底内)由破损温度为 2100℃的陶瓷材料包覆组成(图 1.3),该温度远高于事故工况下的最高温度,因此,不会发生堆芯熔毁事故,并且高温气冷堆设置了多重屏障防止放射性物质外泄,以保证事故工况下,仅依靠非能动方式就可将堆芯余热排出。②高效性。高温气冷堆采用超临界透平发电系统和不停堆装卸料技术,具有发电效率高、负荷因子高、经济性好的特点。一般而言,高温气冷商用堆发电热效率可达43%～47%,比压水堆发电效率高出约25%。③高经济性。高温气冷堆的模块化设计可以大幅缩短施工工期,并且适合进行群堆建设。如容量100MW高温气冷堆建造周期可缩短到两年,远远低于压水堆核电厂需要的5～6年建造周期。另外高温气冷堆具有的非能动安全特性使得系统大大简化,不必设置压水堆核电中的堆芯应急冷却系统和安全壳等工程安全设施,节省了建造投资。④用途广。高温气冷堆提供的工艺热和蒸汽热,可在各种热能市场中发挥作用,如海水淡化、稠油开采、远距离供热、核能制氢和煤的汽化与液化等,能够成为解决全球能源短缺问题的重要方法。⑤燃料适应性强。与传统核燃料铀相比,全球钍的储量更加丰富,且更容易进行浓缩与提炼;在发电过程中,钍也只产生相当于传统核电站0.6%的辐射垃圾,核废料存放时间远小于铀核电站。高温气冷堆可以采用铀钍循环,通过核反应把非裂变材料钍转化成易裂变材料 U^{233},好的堆芯设计可以做到核燃料转化比大于1.0,实现核燃料的增殖,这对于像中国这样的铀资源匮乏、钍资源丰富的国家来说具有重要意义。

由外至内依次为:
外致密热解碳层
碳化硅层
内致密热解碳层
疏松热解碳层
核芯
燃料球d=60mm

燃料颗粒(0.8～0.9mm)
燃料区
无燃料区
石墨基体

图1.3　高温气冷堆燃料球结构

模块式高温气冷堆的慢化剂、反射层和堆芯结构材料主要由核石墨材料制作或搭建而成(赵木,2014;Singh et al.,2017;Zhou et al.,2017)。以我国的球床高温气冷实验堆(HTR-10)为例(图1.4(a)),其堆芯由大量的石墨砖堆砌而成(图1.4(b)),石墨砖上设有

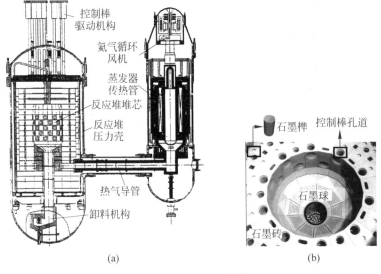

控制棒驱动机构
氦气循环风机
蒸发器传热管
反应堆堆芯
反应堆压力壳
热气导管
卸料机构

石墨榫　控制棒孔道
石墨球
石墨砖

(a)　　　　　　　　　(b)

图1.4　HTR-10反应堆

(a)堆芯和蒸汽发生装置剖面图(赵木,2014);(b)堆芯内石墨砖砌块及球床内石墨球

榫孔,通过与榫孔相匹配的石墨榫将邻近的石墨砖连接起来形成复杂的结构,堆芯中装载的大量石墨球及球形燃料元件也全部或部分由核石墨材料制成(Wu et al.,2002),冷却剂则采用中子吸收截面小且化学性质稳定的氦气。

由于高温气冷堆堆芯容器内几乎所有构件都由核石墨材料制作而成,考虑到核反应堆对安全性的极高要求,开展对核石墨结构力学性能的分析,特别是结构安全性能评估在高温气冷堆设计和后期运行过程中显得至关重要(Wu,2007;Zhou et al.,2018)。1.2 节将对核石墨材料的加工及性能进行简要介绍。

1.2 核石墨材料简介

1.2.1 核石墨制作加工流程

为满足反应堆内特殊工作环境对核石墨性能的高要求,核石墨的制作加工流程需要经过比普通工业石墨更复杂的加工步骤,且要满足更高的质量标准。核石墨的制作加工过程主要分为以下几个步骤:原材料选取、煅烧、粉碎筛分、混捏、成型、炭化、石墨化、纯化和机械加工等(唐春和,2007;徐世江、康飞宇,2011;Nightingale,1962)(图1.5)。

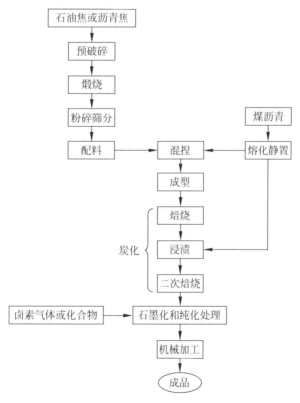

图 1.5 核石墨制作加工流程图(唐春和,2007)

目前,制造核石墨的原材料焦炭类型主要有石油焦、沥青焦或球状焦(Zuo et al.,1997)。石油焦是石油加工过程中的副产品,在高温环境下能达到较高程度的有序性,易被石墨化,其纯度比沥青焦高,是制造核石墨的主要原料之一。沥青焦是煤焦油沥青经高温干馏或延迟焦化后得到的固体残留物,虽然性能不及石油焦,但沥青焦来源丰富、价格低廉。球状焦来源于天然沥青,外形似球。用球状焦生产的石墨有各向同性的特征,而且辐照性能更加稳定。虽然球状焦石墨是理想的高温气冷堆石墨,但由于天然沥青储量有限,许多国家只能研发具有类似性能的核石墨作为替代产品。焦炭在用于生产石墨之前,需要高温煅烧以除去多余的杂质和水分。煅烧之后,焦炭粒子要经过碎裂研磨形成对应产品所需要的颗粒,并根据用途和尺寸等进行筛分。

然而,焦炭是一种较硬的脆性颗粒物,在高温下不易被烧结,因此在制备核石墨时必须加入适当的黏结剂,依靠黏结剂炭化后形成的炭桥把焦炭骨料颗粒联结起来。黏结剂是一种高分子材料,具有良好的热塑性(潘立慧等,2001),它与焦炭骨料结合的过程对成品材料特性影响很大。黏结剂通常会选用在常温下是固态,但是随着温度的升高可以被软化甚至液化的材料,例如煤焦油。焦炭骨料和黏结剂要以特定比例进行混捏以使两者均匀混合,理想的混捏结果是每个骨料颗粒都能被均匀地包裹在厚度适中的黏结剂中。

混捏完毕后,经过一段时间的冷却,即可通过外力使糊料成型。值得一提的是,骨料颗粒形状的等轴程度和成型时的外力施加方式决定了石墨成品的各向异性程度。成型的方式主要有挤压成型、模压成型、等静压成型和振动成型等(徐世江、康飞宇,2011),图 1.6 给出了四种成型装置的示意图。挤压成型是利用柱塞的推力和挤压嘴的压力,将糊料压实并排出糊料中的部分气体。模压成型是利用压制冲头对模具中的糊料施压,使糊料发生塑性形变而达到生产所需的效果。在压制过程中,部分黏结剂可以被挤入骨料颗粒的缝隙中,使得黏结剂和骨料颗粒达到更好的混合状态。然而以上两种成型方式使糊料受到的外力变得不均匀,最终制品也会表现出较高的各向异性。等静压成型方法是利用流体对容器壁进行施压,使糊料在受均匀压力的情况下成型,此方式制备的核石墨各向异性程度很低。振动成型

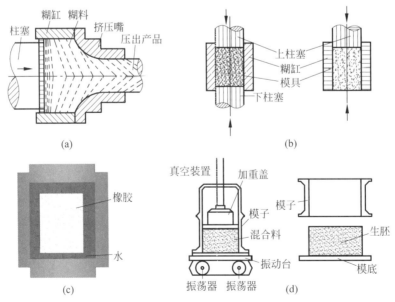

图 1.6 核石墨生产成型装置示意图(徐世江、康飞宇,2011)

(a)挤压成型;(b)模压成型;(c)等静压成型;(d)振动成型

是对装有糊料的容器进行高速、高频率地拍打、振动,使糊料紧密堆积而成型,该成型方式比较适合生产大规格石墨产品。

成型之后,制品中的黏结剂需要经过焙烧、浸渍和二次焙烧使黏结剂炭化从而真正地起到粘结颗粒的作用。炭化一般在 1300℃ 的高温下进行,在该温度下,黏结剂会因热解而释放气态物质,并在制品中留下气体的流通通道,所以制造过程中需要严格地控制升温速度以防止胚料破裂。此外,炭化后过快的冷却速度也会导致大量裂纹产生,因此冷却速度同样需要严格控制。炭化后的制品并不具备石墨的结构和性质,还需要对其进一步加热使之石墨化。石墨化需要将炭化制品加热至 3000℃ 左右,在这个过程中,原料里的碳氢化合物会热解挥发,并留下与外界相通的气孔。通常可以采用 X 射线对制品的石墨化程度进行表征(Martin and Chare,1964)。此外,石墨化完冷却后存在的巨大温差可能会使石墨制品产生大量的微裂纹。

核反应堆对核石墨的质量要求较高,含有较多杂质的石墨不能应用于反应堆中,因此二次焙烧后的制品还需在石墨化炉中进行高温处理使其乱层结构转变为三维有序排列结构,并挥发掉制品中的杂质以提高纯度,同时在石墨化过程中加入卤素气体或化合物来降低石墨中的硼元素含量以提高石墨的品质;最后,将经过石墨化和纯化处理的石墨通过机械加工方式制成所需成品,同时进行必要的性能检验以供后期使用。

1.2.2 核石墨性能及特点

经上述工艺制备生产的核石墨材料具备许多优良的物理化学性能,如:

(1) 具有较小的热中子吸收截面:对 2200m/s 热中子,石墨微观吸收截面仅为 4mb 左右。

(2) 慢化能力强。石墨慢化能力仅次于重水,在固体慢化剂中慢化能力最优。

(3) 高温性能好。石墨导热系数大于 $100W/(℃ \cdot m)$,热膨胀系数小,具有很高的抗热冲击能力。石墨材料的石墨化温度都很高,一般达到 2600～2800℃,在高温下能够保持良好的机械性能,并且其强度随温度的升高而升高,通常在 2200～2800℃ 达到最大。

(4) 耐辐照。石墨具有很强的抗 α 射线的能力,辐照的几何尺寸稳定性好。

(5) 化学稳定性好。石墨与冷却剂的相容性好,且不易被活化。

(6) 工艺性、经济性好。石墨机械加工性能好、原料充足、生产工艺成熟、成本低廉,可通过改变原材料、生产工艺等方法来获得物理、机械性能不同的石墨制品。

正因为有以上优点,石墨作为核反应堆中的慢化剂、反射层、结构材料以及燃料元件的基体材料而被广泛地应用于高温气冷核反应堆中。但受材料特性及制备工艺的影响,从图 1.7 所示的核石墨微观结构(Kane et al.,2011)可以看出,核石墨材料与天然的层状石墨(Zhang et al.,2021)(图 1.8)在结构上大不相同。核石墨材料事实上是以石油焦或煤焦油沥青等为骨料、以煤焦油为黏结剂,经过复杂的物理、化学工艺制成的,含大量微观缺陷(随机分布的孔洞、孔隙及微裂纹等)的复合材料。通常将核石墨内部的缺陷大致分为两类:背景缺陷和相异缺陷(Pears and Sanders,1970)。背景缺陷包括小气孔、微裂纹、空腔以及黏合剂残留物中的小气穴,大小通常小于骨料颗粒的尺寸并且分布均匀,背景缺陷无法避免,而且会永久存在。相异缺陷常以大气孔的形式出现,其尺寸比背景缺陷大得多。缺陷的存在会对核石墨材料力学性能造成不可忽视的影响,主要表现为:内部孔隙减小了材料对载荷的承受面积,增大了材料所承受的应力;使得材料在外载荷作用下更易出现应力集中效应,降低材料的强度和断裂韧性;使得材料具有强度离散性和力学非线性。表 1.1 给出了三种常见核石墨材料的基础力学参数。本书后几章将着重介绍核石墨材料力学性能的测试方法,并对核石墨在不同加载工况下的力学行为进行分析。

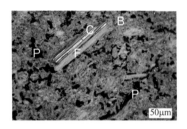

图 1.7　核石墨的微观结构(Kane et al.,2011)(B-黏结剂,C-收缩裂纹,F-填料,P-孔隙)

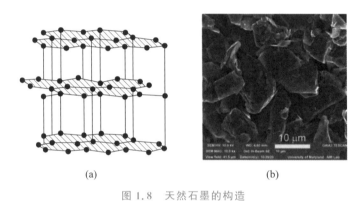

(a)　　　　　　　　　　　　　　(b)

图 1.8　天然石墨的构造

(a)原子结构示意图;(b)电子显微镜扫描图像(Zhang et al.,2021)

表 1.1　两种常见核石墨的基础力学参数

参　　数	单　　位	核石墨型号及数值		
		NBG-18(Lee et al.,2018;Béghein et al.,2012)	IG-11(汪超洋,2002)	IG-110(王泓杰等,2017)
密度	g/cm³	1.85	1.76	
热导率	W/(℃·m)	140	147	
热膨胀系数	/℃	4.5	3.9	
热膨胀系数各向异性因子		1.05	1.04	
杨氏模量	GPa	11.5	10.2	
泊松比		0.21	0.14	
弯曲强度	MPa	30	39	39.8
压缩强度	MPa	80	79	81.1
拉伸强度	MPa	20	25	26.9

第2章

核石墨材料基本力学性能测试

准确获得核石墨材料的模量、泊松比、强度和破坏准则等基本力学性能是核反应堆中核石墨结构设计和失效行为分析的基础,而核石墨材料由于其力学性能的离散性需要发展一系列合适的测试方法来开展大量的实验研究,从而对核石墨材料的力学性能有比较全面的认识。由于常规基于电阻应变片的直接拉伸法在测量核石墨材料力学性能时存在诸多缺点,比如容易出现偏心加载、试件容易从夹持端滑脱或破坏等问题,所以本章将介绍几种不同的测试方案,包括利用基于数字图像相关(digital image correlation,DIC)方法的方柱压缩实验获取核石墨材料基本力学参数、利用改进的直接拉伸法和间接法测量核石墨材料抗拉强度,以及通过围压实验获得核石墨材料在复杂应力状态下的破坏准则等,为后续核石墨材料的结构力学行为分析提供重要支撑。

2.1 弹性参数测试

核石墨是一种含复杂细观结构的准脆性材料,当采用常用的狗骨头形状试件进行直接拉伸测量其材料力学性能时,存在试件加工复杂及试件容易从夹持位置滑脱或破坏等缺点。此外,目前通常用电阻应变片法测量试件在加载过程中的变形参数,但是,此方法实施起来比较费时费力,给大批量测试带来困难。而且普通电阻应变片量程有限,有时不能获得材料完整的应力-应变关系。再者,电阻应变片法不易发现偏心加载问题,可能会导致测量结果偏差较大甚至测量失效。借助于具有非接触式全场测量特点的数字图像相关方法,本节将介绍如何通过方柱压缩实验获取核石墨材料基本力学参数及应力-应变关系(易亚楠等,2019)。

2.1.1 核石墨弹性参数测试方法

利用基于DIC方法的核石墨材料基本力学参数(弹性模量和泊松比)测试原理如图2.1所示。第一步,在试件表面制作散斑,在对试件进行加载的同时用数字相机拍摄其表面的散斑图像(图2.1(a));第二步,基于相关匹配分析(图2.1(b))获得试件表面的位移场(如图2.1(c));第三步,对位移场进行进一步处理得到高精度应变值;第四步,将得到的应变与载荷信息进行对应,得到应力-应变曲线,进而获得材料的弹性模量,或将横向/纵向应变进行处理得到泊松比(图2.1(d))。

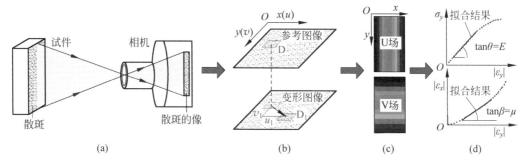

图 2.1 利用 DIC 测量材料力学参数示意图

(a) 获取散斑图像；(b) 匹配搜索；(c) 位移场示意图；(d) 计算力学参数

上述第一、二和四步均有成熟的方法、测量系统及软件可以利用，因此，实现材料基本力学参数测量的关键在于从 DIC 测得的位移场中获取高精度应变值。由于 DIC 测量的位移场含有一定的噪声，用位移场经过微分运算得到应变场会进一步将噪声放大，致使应变测量结果误差较大，所以为了获得高精度的应变测量结果，本研究利用试件均匀变形的特点，通过对位移场进行拟合得到应变值。

假定图 2.1(b) 中坐标为 (x_i, y_i) 的点的位移 (u_i, v_i) 可表示为

$$\begin{bmatrix} u_i \\ v_i \end{bmatrix} = \begin{bmatrix} a & b & c \\ d & e & f \end{bmatrix} \cdot \begin{bmatrix} x_i \\ y_i \\ 1 \end{bmatrix} \tag{2-1}$$

式中，$a \sim f$ 均为常数。根据应变和位移的关系可以得到 $\varepsilon_x = \dfrac{\partial u}{\partial x} = a$ 和 $\varepsilon_y = \dfrac{\partial v}{\partial y} = e$。从式 (2-1) 可知，根据测量得到的位移场，基于最小二乘法可以求出参数 a 和 e，即得到应变 ε_x 和 ε_y。

上述处理方法成立的前提是位移场满足式 (2-1)，即试件表面的位移场呈线性分布。但在实际测量时，由于压缩实验中试件与压头之间存在不可忽略的摩擦力，端部效应的影响会导致某些区域的位移场并不满足式 (2-1)。所以应用上述方法时，需要从实际的复杂位移场中舍去端部效应影响范围内的数据，选取符合式 (2-1) 分布规律的区域进行数据拟合。

在实际单轴压缩测试中，端部效应对位移场的影响介于端部自由 (上限，图 2.2(a)) 与端部固支 (下限，图 2.2(b)) 两种状态之间。为保证实验结果的可靠性，可取端部固支时影响范围外的区域作实验数据分析：根据真实试件尺寸 ($50\text{mm} \times 50\text{mm} \times 100\text{mm}$) 建立大小相同的线弹性核石墨方柱有限元模型，限制模型端部水平 (x 轴方向) 位移，并沿竖直方向 (y 轴方向) 施加压缩载荷；对获取的水平位移场沿 y 轴方向每隔 5mm 提取剖面上的位移值 (图 2.2(b))；对其位移分布进行最小二乘法线性拟合 (图 2.2(c))，求出各截面的位移曲线与其拟合直线之间的线性相关系数，线性相关系数接近 1 时，即认为该区域不受端部效应影响。从图 2.2(d) 可知，端部固支时的端部效应影响范围为距端部 $0 \sim 25\text{mm}$ 的区域。因此，根据对称性，在核石墨方柱单轴压缩实验中，可选取距中心轴上下 25mm 以内，即试件中部 1/2 区域内的位移场进行数据拟合。

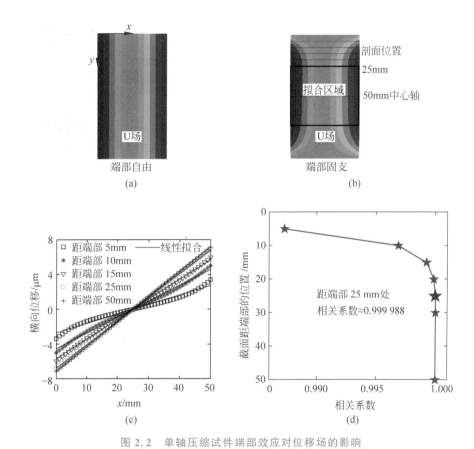

图 2.2 单轴压缩试件端部效应对位移场的影响

（a）端部自由的水平位移场；（b）端部固支的水平位移场；（c）各剖面水平位移曲线；（d）位移曲线线性相关系数

2.1.2 核石墨弹性参数测试结果

将核石墨加工成尺寸为 50mm×50mm×100mm 的长方柱试件，在其中一个表面用喷漆制作人工散斑用于 DIC 测量，其余三个表面各贴一组横向/纵向应变片（型号为 BX120-3AA，栅长×栅宽＝3mm×2mm）作为 DIC 实验的对照组（粘贴方案和编号如图 2.3（a）所示）。实验开始时，对试验机控制系统、应变仪采集系统和 DIC 图像采集系统进行对时并同步采集数据，加载及数据采集系统如图 2.3（b）所示。用 YAW-2000 型微机控制液压试验机以 0.001mm/s 的速率进行加载，其中，上端为固定端，下端为加载端；加载过程中用 EoSens 3CXP 型相机以 10fps 的帧频采集图像（1696pixels×1710pixels），图像采集时用高亮度连续发光的 LED 灯照明；同时，用 DH3816N 型多通道静态电阻应变仪以 1Hz 的速率采集 6 个应变片的应变值。

本研究共进行了 7 个核石墨方柱压缩实验，其载荷-位移曲线如图 2.4 所示。可以看出核石墨材料的载荷-位移曲线线性段非常短，其斜率随着载荷的增大而逐渐降低，说明材料在受载过程中发生了损伤；载荷达到峰值后曲线呈断崖式下降，表现出明显的脆性破坏特点。测得的 7 个试样的抗压强度如表 2.1 所示，平均抗压强度为 76.5MPa，标准偏差为 2.2MPa。

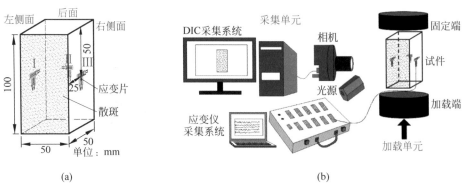

图 2.3　单轴压缩实验布置

（a）试件尺寸及应变片布置；（b）实验系统示意图

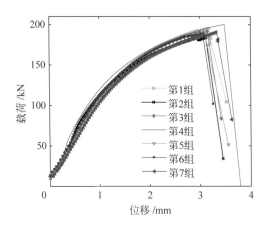

图 2.4　核石墨方柱压缩实验载荷-位移曲线

表 2.1　核石墨方柱压缩实验结果

试　件	极限载荷/kN	抗压强度/MPa
1	195.6	78.2
2	183.8	73.5
3	191.9	76.8
4	200.6	80.2
5	187.0	74.8
6	188.8	75.5
7	190.8	76.3
平均值	191.2	76.5
标准差	5.6	2.2

　　利用 DIC 法可得到压缩过程中核石墨方柱表面纵向应变场的演化过程。图 2.5(a)～(d)分别为一个典型试件在不同载荷下的纵向应变场，图 2.5(e)为该试件的载荷-时间曲线，曲线上标识出了图 2.5(a)～(d)对应的加载时刻。结果表明，在单轴压缩状态下，当载荷较小时，方柱试件的纵向应变分布比较均匀，无明显的应变集中现象；随着载荷的增大，试件部分区域材料性能发生退化，由此导致试件出现应变集中现象。

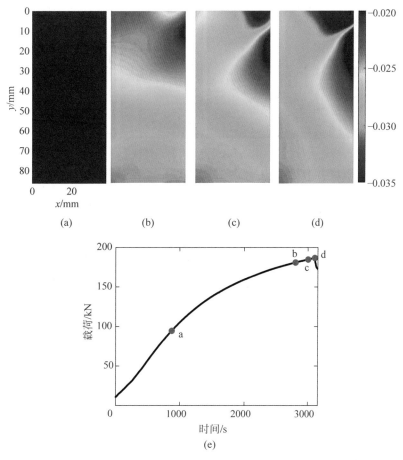

图 2.5　核石墨方柱压缩实验过程中纵向应变场演变及加载历史

(a)～(d) 不同加载时刻的纵向应变场；(e) 载荷-时间曲线

　　7 个方柱试件的破坏结果如图 2.6 所示，其中 4 个试件的破坏面为前后贯通并被相机捕捉到(图 2.6(a))，另外 3 个试件发生左右贯通(图 2.6(b))。从图 2.6 可以看出核石墨试件与固定压头相接触的一端碎裂较严重，除一些小裂纹外，各试件均存在一条明显贯穿上下端面的主裂纹，并且主裂纹近似平行于轴向加载方向，即试件表现为张拉破坏。

　　将电阻应变片法(以下简称电测或电测法)测得的每个试件 3 个侧面的横/纵应变分别取平均值，可得到压缩应力-应变曲线。利用 2.1.1 节介绍的 DIC 法对每个试件中部 1/2 区域内的位移场进行数据拟合，也可以得到相应的压缩应力-应变曲线。将 DIC 和电测结果绘制在一张图中，如图 2.7(a)所示，可以发现，在加载前期两种方法得到的应力-应变曲线均呈线性关系；随着载荷的持续增加，应力-应变曲线越来越偏离线性，并且没有明显的非线性转折点，表明了核石墨材料具有明显的非线性力学行为。这是由于核石墨性材料的缺陷敏感性致使它在承载过程中内部积累大量细观损伤，由此导致其宏观力学行为呈现出明显的非线性。实验所用电阻应变片的量程为 $\pm 19\,999\mu\varepsilon$，相较于核石墨的压缩破坏应变($25\,000\sim$ $30\,000\mu\varepsilon$)其量程范围偏小，因此电测法未能测得完整的应力-应变曲线，而 DIC 法得到了完整的非线性关系曲线，这表明 DIC 法在测量材料大变形方面具有明显的优势。另外还可以

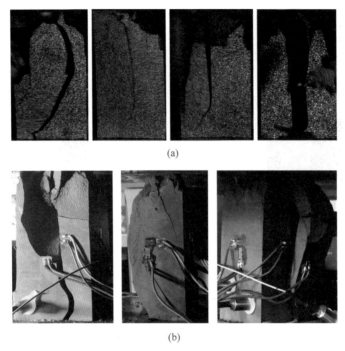

(a)

(b)

图 2.6　7 个核石墨方柱试件破坏图

(a) 相机抓拍到的四个破坏面前后贯通试件；(b) 破坏面左右贯通试件

看出，随着载荷的增大，基于 DIC 法测得的横向/纵向应力-应变曲线逐渐偏离电测的结果。将同一压应力条件下的 DIC 法与电测应变做差，得到应变差-压应力关系(图 2.7(b))，可以发现相同应力条件下 DIC 法测得的应变大于电测的应变值，且二者的差值随着压应力的增大而逐渐增大。通过分析试件表面纵向位移场和纵向应变场的方差(图 2.7(c)和(d))可知，随着载荷的增大，试件表面的位移场和应变场的方差逐渐增大，说明随着压应力的增大，试件表面逐渐出现变形不均匀或应变集中现象，且在应力大于 50MPa 后，这种现象明显加剧。综上所述，随着载荷的增大试件表面逐渐出现非均匀变形，由于 DIC 法属于全场测量方法，其测量结果能够体现材料变形的非均匀性，而电测法是点测量方法，其测量结果仅是应变片所在微小区域的应变，非均匀变形状态下该应变无法与加载载荷(或应力)构成对应关系。

图 2.8 所示为根据压应力-应变曲线测得的 7 个试件加载全过程的杨氏模量随压应力变化曲线。加载初期测得的杨氏模量在 8～10GPa 之间，但因为噪声的影响，在变形较小时 DIC 法测得的应变精度较低，由此导致杨氏模量测量值稍有波动。两种方法测得的杨氏模量均随着压应力的增大而减小，试件破坏时的杨氏模量可低至 2.6GPa 左右。在同一应力条件下，DIC 法测得的杨氏模量要小于电测的结果，这是因为在同一应力条件下，DIC 法获得的纵向应变大于电测的结果(参考图 2.7)，进而导致 DIC 测得的杨氏模量小于电测结果。

根据横/纵应变之比得到的泊松比如图 2.9 所示，加载初期测得的泊松比在 0.1～0.15 之间。应变片的测量结果比较稳定，且随着应力的增大整体呈现出缓慢递增的趋势，由于 DIC 法的测量精度(其测量精度一般为几十个微应变)低于应变片的测量精度(可精确至

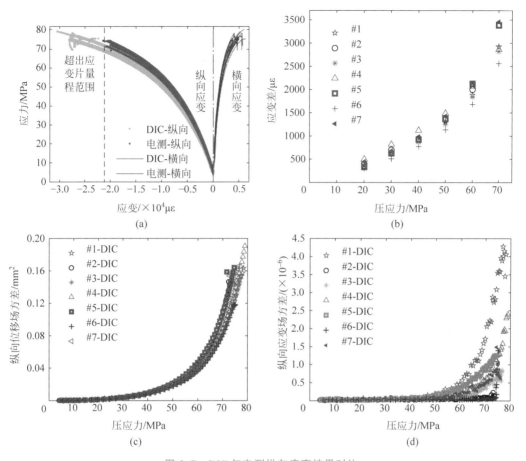

图 2.7 DIC 与电测纵向应变结果对比

（a）应力-应变曲线；（b）纵向应变差随压应力变化曲线；（c）DIC 纵向位移场方差；（d）DIC 纵向应变场方差

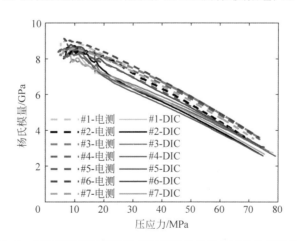

图 2.8 DIC 与电测法测得的核石墨试件加载全过程的杨氏模量

1με)，使得 DIC 法测得的横向应变精度较低，最终导致泊松比测量结果不太稳定，尤其是应力偏低时受横向应变影响导致误差较大，但 DIC 法测得的泊松比亦呈现出明显的递增趋势。

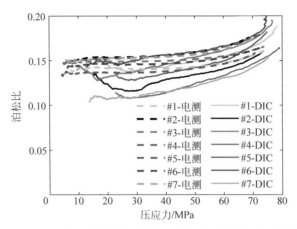

图 2.9 DIC 法与电测法测得的核石墨试件加载全过程的泊松比

2.2 抗拉强度测试

材料抗拉强度的测量方法主要包括两大类,一类是直接法,另一类是间接法。直接法一般指将材料加工成两头粗中间细的狗骨头形试件,然后通过夹具夹持后在试验机上进行拉伸加载,即认为试件标距内处于单向应力状态,通过破坏载荷可直接获得材料的抗拉强度。间接法指在不容易进行直接拉伸时采用其他类型的试件和加载方式。由于试件内部通常存在复杂应力场,所以需要通过应力状态分析来间接计算出材料的抗拉强度。间接法中比较常用的方法是巴西劈裂法以及由它引申出的平台圆盘劈裂和圆环劈裂等方法。对于大部分脆性材料,在利用直接拉伸方法时存在试件加工复杂、加载时试件容易从夹持位置滑脱或破坏等问题,另外常规的夹持方法难以保证试件对中加载,而偏心拉伸可能导致试件过早发生破坏而使得测量结果误差较大,因此测量脆性材料的抗拉强度多选用间接法。本节将通过一种改进的直接拉伸法和两种间接法测量 IG11 型核石墨材料的抗拉强度。

2.2.1 核石墨圆柱试件单向拉伸实验

为了解决上述直接拉伸实验中的问题,本研究对直接拉伸法进行了改进,即设计了一对特殊的夹具(图 2.10)进行核石墨单向拉伸加载。夹具端部用链条连接试验机,这种柔性机

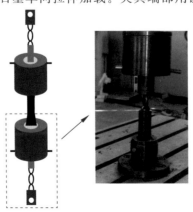

图 2.10 核石墨拉伸实验夹具图

构设计可以很好地避免实验过程中偏心偏拉情况的出现。核石墨拉伸试件如图 2.11 所示，试件两端设计加工成锥形，对应的夹具内侧也加工成相应的锥形，因此可以将试件套在夹具中，从而解决了夹持问题。为检验实验结果的离散性，本研究通过 19 个重复实验测量了核石墨材料的抗拉强度。

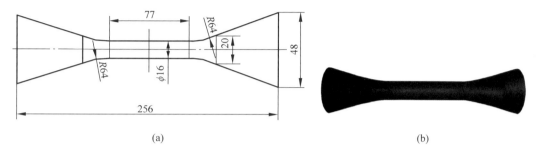

图 2.11 圆柱形核石墨拉伸试件尺寸图及实物图

(a) 尺寸图(单位：mm)；(b) 实物图

采用上述实验方法可以保证核石墨试件从中间段断裂，图 2.12 所示为一典型拉伸试件破坏图。由于试件标距内部应力处于单向应力状态，其抗拉强度 σ_t 可由试件承受的极限载荷计算得到：

$$\sigma_t = \frac{F}{S} \tag{2-2}$$

式中，F 为极限载荷，S 为试件中段横截面面积。由各试件测量得到的核石墨抗拉强度如图 2.13 所示，对实验结果进行分析可以得出其抗拉强度的平均值为 26.1MPa，此结果与文献中的数据(25.4MPa (Haruo,1985)；19.7～31.2MPa(汪超洋等,2001))较为吻合。

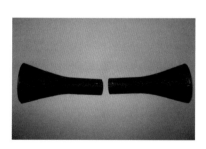

图 2.12 核石墨拉伸试件破坏图

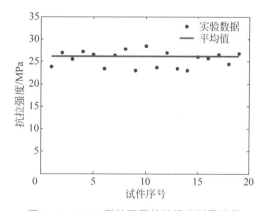

图 2.13 IG11 型核石墨抗拉强度测量结果

2.2.2 核石墨圆盘对径压缩实验

1. 巴西劈裂法测量抗拉强度原理

巴西劈裂法主要包括平板劈裂法(图 2.14(a))、垫条劈裂法(图 2.14(b))、ISRM 标准圆弧劈裂法(图 2.14(c))和等半径圆弧劈裂法(图 2.14(d))等。平板劈裂法和垫条劈裂法加载方式相近，圆盘试件两端通过与试验机平压头直接接触或在压头与圆盘试件之间放置一直径远小于试件直径的钢条,形成以集中载荷对径压缩圆盘的加载方式。ISRM 标准圆弧劈裂法将圆盘试件放置在两个半径为圆盘试件半径 1.5 倍的圆弧夹具之间进行加载。等半径圆弧劈裂法同样使用圆弧夹具对圆盘试件进行对径压缩加载,但与 ISRM 标准圆弧劈裂法不同,其夹具半径与圆盘试件半径一致,夹具与试件接触区域由圆弧夹具对应角度控制,即加载初始时夹具与试件在一定角度内完全接触。以上 4 种方法虽为不同的加载方式,却系出同源。后 3 种均为平板劈裂法的改进版本,这 4 种方法测量材料抗拉强度原理基本一致。本节以平板劈裂法解析解为例,简要介绍 4 种方法测量材料抗拉强度的原理及判断巴西劈裂法对测量材料抗拉强度适用性的标准。

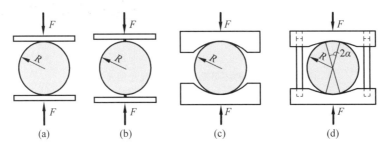

图 2.14　巴西劈裂法加载方式

(a) 平板劈裂法;(b) 垫条劈裂法;(c) ISRM 标准圆弧劈裂法;(d) 等半径圆弧劈裂法

平板劈裂法测量材料抗拉强度的理论原理来源于弹性力学中圆盘对径加载模型(图 2.15)的理论解。在半径为 R、厚度为 t 的圆盘中轴线上下两点施加径向相向、大小为 P 的线载荷,可以得到圆盘内任一点 A 的应力分量:

$$\sigma_x = -\frac{2P}{\pi t} \left\{ \frac{(R-y)x^2}{[(R-y)^2+x^2]^2} + \frac{(R+y)x^2}{[(R+y)^2+x^2]^2} - \frac{1}{2R} \right\} \tag{2-3}$$

$$\sigma_y = -\frac{2P}{\pi t} \left\{ \frac{(R-y)^3}{[(R-y)^2+x^2]^2} + \frac{(R+y)^3}{[(R+y)^2+x^2]^2} - \frac{1}{2R} \right\} \tag{2-4}$$

$$\tau_{xy} = \frac{2P}{\pi t} \left\{ \frac{(R+y)^2 x}{[(R+y)^2+x^2]^2} - \frac{(R-y)^2 x}{[(R-y)^2+x^2]^2} \right\} \tag{2-5}$$

当 $x=0$ 时,可获得圆盘内沿加载轴线上任意一点的应力分量:

$$\sigma_x = \frac{P}{\pi R t}, \quad \sigma_y = -\frac{2P}{\pi t} \left\{ \frac{2R}{R^2-y^2} - \frac{1}{2R} \right\}, \quad \tau_{xy} = 0 \tag{2-6}$$

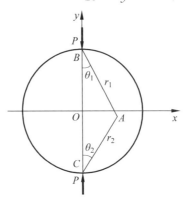

图 2.15　巴西圆盘对径加载示意图

当 $x=0$，$y=0$ 时，可获得圆盘中心的应力分量：

$$\sigma_x = \frac{P}{\pi Rt}, \quad \sigma_y = -\frac{3P}{\pi Rt}, \quad \tau_{xy} = 0 \tag{2-7}$$

从上述应力解析解可以看出，圆盘内最大拉应力存在于圆盘加载轴线上，且为定值。而压应力在加载轴线上的分布则随着 $|y|$ 的增大而增大，在圆盘中心处最小，加载端最大，即试件加载端处有明显的压应力集中现象。在经典巴西劈裂实验中，当圆盘试件沿加载轴线劈裂时，即认为圆盘达到了可承受的拉应力极限，通过最大拉应力公式即可计算出圆盘抗拉强度。进一步分析表明，圆盘沿加载轴线的劈裂还存在由加载端压应力集中导致的可能，此时圆盘加载轴线上的拉应力可能还远低于圆盘可承受的极限拉应力，由此计算得到的抗拉强度将小于真实值。因此，通过巴西劈裂法测量材料抗拉强度常需要采取措施降低加载端的压应力集中，保证圆盘试件发生由拉应力主导的破坏。实际实验测试中，由加载端压应力集中导致的破坏和由拉应力导致的破坏区分比较明显：由压应力集中导致的破坏一般先在加载端附近产生损伤剥落，剥落区域与应力集中区域有关；而由拉应力导致的破坏则一般于试件中心起裂并沿加载轴线扩展，存在较为明显的张拉破坏现象。因此，通过圆盘试件的破坏形式，可以分析巴西劈裂法对于测量材料抗拉强度的适用性。

2. 传统巴西劈裂法测量核石墨抗拉强度实验

对于图 2.14 所示前 3 种传统巴西劈裂法（平板劈裂法、垫条劈裂法和 ISRM 标准圆弧劈裂法），圆盘试件与加载装置（压头、垫条或夹具）接触面积较小，圆盘试件在加载端会产生较大的压应力集中现象。对于拉压强度比值较低的脆性材料（如岩石和混凝土等），这些加载方式并不影响圆盘试件从中心起裂，可以保证巴西劈裂法测量材料抗拉强度结果的准确性；但对于像核石墨这类拉压强度比值较高的材料，圆盘试件加载端的压应力集中可能会导致试件从两端开裂，这种劈裂方式会使测得的材料抗拉强度低于真实值。为了验证该结论，本节首先基于这三种传统的巴西劈裂法进行了核石墨材料抗拉强度测量实验。将 IG11 型核石墨材料加工成半径和厚度均为 25mm 的圆盘试件，分为 3 组（每组 6 个试件）分别采用 3 种不同加载方式进行圆盘压缩实验：第 1 组采用平板劈裂法；第 2 组采用垫条劈裂法，即在圆盘中轴线上下两端各粘贴一根长度为 25mm、直径为 2mm 的钢条，然后再放置在压缩试验机上进行加载；第 3 组采用 ISRM 标准圆弧劈裂法，即将试件放置在加载圆弧半径为 37.5mm 的 ISRM 标准夹具中进行加载。3 组实验所用压缩试验机均为 WDW-100 型微机控制电子式万能试验机，加载速度均为 0.01mm/min。3 种加载方式下试件的典型破坏结果如图 2.16 所示，试件起裂位置、极限载荷均值及由式（2-6）计算得到的抗拉强度见表 2.2。

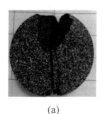  

(a)　　　　　　　　(b)　　　　　　　　(c)

图 2.16　3 种巴西劈裂加载方式下试件破坏图

（a）平板劈裂法；（b）垫条劈裂法；（c）ISRM 标准圆弧劈裂法

表 2.2　3 种巴西劈裂加载方式实验结果

加载方式	破坏模式	起裂位置	极限载荷/kN	抗拉强度/MPa
平板劈裂法	两端损伤剥落,最后从靠近中轴线位置裂开	加载端	18.5	9.5
垫条劈裂法	两端无明显损伤剥落,最后从钢条处沿中轴线劈裂	加载端	6.5	3.3
ISRM 标准圆弧劈裂法	两端出现多次损伤剥落,最后弧形倾斜劈裂	加载端	22.0	12.0

如图 2.16 和表 2.2 所示,从破坏形式看,平板劈裂法和 ISRM 标准圆弧劈裂法加载端附近均存在明显损伤剥落现象,可以认为试件的破坏是由压应力集中而非拉应力导致。从抗拉强度测量结果看,3 种方法得到的抗拉强度相差悬殊。垫条劈裂法中试件加载端接触面积最小,应力集中最大,测得的抗拉强度最小;ISRM 标准圆弧劈裂法中试件加载端接触面积最大,应力集中最小,测得的抗拉强度也就最高。由 2.2.1 节核石墨圆柱单向拉伸实验测得的 IG11 型核石墨材料抗拉强度为 26.1MPa,远大于以上 3 种方法得到的测试结果。由此可以看出这 3 种方法都不适用于核石墨材料的抗拉强度测量。

3. 等半径圆弧劈裂法测量核石墨抗拉强度实验

相比于以上 3 种传统的巴西劈裂法,等半径圆弧劈裂法因为圆盘试件加载端接触面积较大,应力集中现象得到了有效缓解,所以应该更适用于测量核石墨这类拉压强度比值较高的脆性材料的抗拉强度。本节选择等半径圆弧劈裂法进行核石墨圆盘压缩实验,验证等半径圆弧劈裂法测量核石墨抗拉强度的适用性。实验将 IG11 型核石墨材料加工成半径和厚度均为 6.35mm 的圆盘试件,采用图 2.17 所示接触角为 $2\alpha = 30°$ 的夹具进行加载。加载设备选择 WDW-100 型微机控制电子式万能试验机,加载速度为 0.01mm/min。采用日本 Photron 公司的 FASTCAM SA1.1 高速摄像机进行图像采集以获取试件开裂过程,相机分辨率设置为 192pixels×

图 2.17　等半径圆弧劈裂法
实验现场布置图

112pixels,帧率为 210 000fps,触发模式为后触发,即高速相机储存触发时刻前的图片。通过圆盘破坏时的声音以及高速相机软件的实时图像判断触发时刻并发出触发信号。

实验对 6 个相同试件进行了测试,获得的载荷-位移曲线如图 2.18 所示,可以看出各试件的极限载荷较为一致。通过高速相机获得的圆盘试件典型破坏过程如图 2.19 所示,可以发现,加载时圆盘试件的破坏分为两个阶段:第一阶段,圆盘试件中间产生裂缝并沿加载方向扩展形成主裂缝,同时载荷-位移曲线到达极值并出现第一次陡降,但是该主裂缝的形成并未使试件完全破坏,试件尚有一定的承载能力;第二阶段,由于试件的剩余承载能力,载荷-位移曲线继续上升直至夹具与试件接触区边界附近产生次裂缝,之后次裂缝与中间主裂缝贯通,次裂缝的产生和扩展也导致载荷-位移曲线发生陡降。

由于在第一阶段试件发生中心破坏时载荷达到最大值,因此可以通过该极限载荷计算试件的抗拉强度。根据 Awaji,Sato(1978) 和 Hondros(1959) 的研究,等半径圆弧劈裂法抗

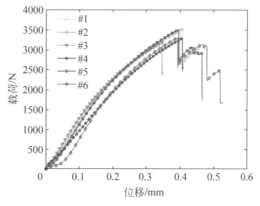

图 2.18　等半径圆弧劈裂法测试的各试件载荷-位移曲线

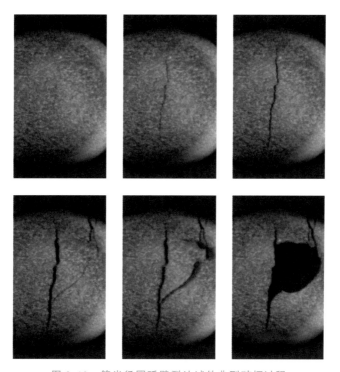

图 2.19　等半径圆弧劈裂法试件典型破坏过程

拉强度可表示为

$$\sigma_t = \frac{P}{\pi R t}\left[1 - \left(\frac{b}{R}\right)^2\right]$$

（2-8）

式中，σ_t 为试件抗拉强度，P 为试件可承受极限载荷，R 为试件半径，t 为试件厚度，b 为接触半角 α 对应的圆弧接触长度，即 $b = R\alpha$。

　　将实验所用试件尺寸、接触角度和试件极限载荷代入式(2-8)，计算得到的核石墨抗拉强度结果如表 2.3 所示。各试件得到的 IG11 型核石墨抗拉强度平均值为 24.8MPa，与2.2.1 节核石墨圆柱单向拉伸实验结果和现有文献(Zhang et al.，2018；Awaji and Sato，1978；Yu，2011；Haruo，1985；汪超洋等，2001)测量结果较为一致，同时考虑到等半径圆弧劈裂法可以保证圆盘试件从中心起裂,从而验证了等半径圆弧劈裂法测量核石墨抗拉强度的适用性。

表 2.3   极限载荷及抗拉强度

试 件	极限载荷/N	抗拉强度/MPa
♯1	3449.7	25.4
♯2	3521.9	25.9
♯3	3188.5	23.4
♯4	3290.0	24.2
♯5	3308.0	24.3
♯6	3514.4	25.8
平均值	3378.8	24.8

2.2.3   核石墨圆环对径压缩实验

1. 实验原理

借鉴岩石力学中测量软岩材料抗拉强度的方法,可以用圆环代替传统的巴西劈裂法实验中的圆盘试件,进行核石墨材料抗拉强度的测量(Zhang et al.,2018)。圆环试件受对径压缩作用后可在内径某些位置形成纯拉应力状态,且比圆盘试件具有更大的应力集中效应,因而更能够保证核石墨材料受拉起裂并扩展,形成稳定的拉伸破坏模式。利用圆环对径压缩实验测量材料抗拉强度的示意图如图 2.20 所示,内外径分别为 d_1 和 d_2 的圆环沿 y 轴方向作用一对大小为 P 的线载荷。由力学分析可知,圆环试件受轴向集中压力作用时,在内径上下两顶点(A_1 和 A_2)处存在应力集中现象,且该两点处于单向拉伸应力状态。随着载荷增大,圆环试件会在这两点处起裂,裂纹迅速向加载端扩展并导致试件破坏。

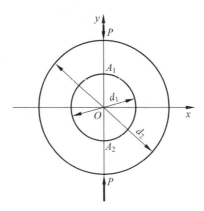

图 2.20   圆环对径压缩示意图

由文献(Hannant et al.,1973;Hobbs,2002)可知,对于受对径压缩作用的圆环结构,当圆环内外径比接近于 0.5 时,其内径上下顶点(A_1 和 A_2)处的拉应力计算公式可近似表示为

$$\sigma_A = \frac{2P}{\pi t d_2}\left[6 + 38\left(\frac{d_1}{d_2}\right)^2\right] \tag{2-9}$$

对于脆性材料圆环试件,裂纹从内径上下顶点起裂后会迅速贯穿试件导致试件整体破

坏,载荷相应地会迅速下降,加载曲线呈明显的单峰形式。基于此,用圆环试件测量脆性材料抗拉强度时,其抗拉强度 σ_t 可表示为

$$\sigma_t = \frac{2P_{max}}{\pi t d_2}\left[6 + 38\left(\frac{d_1}{d_2}\right)^2\right] \tag{2-10}$$

式中,P_{max} 为圆环受压破坏时的极限载荷。

2. 实验过程及结果

为使用圆环对径压缩实验测量 IG11 型核石墨材料的抗拉强度,本研究共加工了 7 个相同尺寸的圆环试件进行测试,图 2.21 所示为圆环试件的尺寸和实物图。

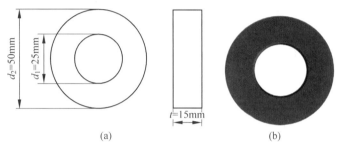

图 2.21 核石墨圆环试件

(a) 尺寸图;(b) 实物图

实验中将圆环试件固定在两块高强钢平板之间,采用 SANS10t 型试验机,以位移控制方式对核石墨圆环试件进行对径压缩加载,加载速率为 0.05mm/min。图 2.22 为圆环对径压缩实验现场图。

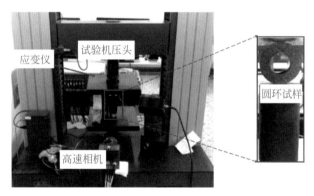

图 2.22 核石墨圆环对径压缩实验现场图

图 2.23 为 7 组实验获得的载荷-位移曲线,载荷在达到峰值之前几乎呈线性增长,载荷到达峰值点后迅速下降,这主要是由于裂纹从圆环内径萌生后快速扩展导致试件失去承载能力。表 2.4 给出了实验得到的极限载荷,利用式(2-10),可计算得到由 7 个圆环对径压缩实验测得的核石墨抗拉强度值(表 2.4)。7 个实验测得的抗拉强度平均值为 27.6MPa,这与 2.2.1 节直接拉伸法测量的结果(26.1MPa)和 2.2.2 节等半径圆弧劈裂实验测量结果(24.8MPa)非常接近,这说明圆环对径压缩实验测得的核石墨材料抗拉强度值是可靠的。

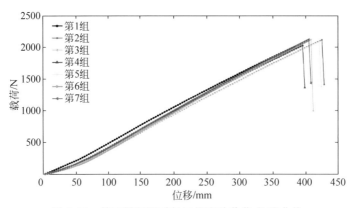

图 2.23 核石墨圆环对径压缩实验载荷-位移曲线

表 2.4 核石墨圆环对径压缩测试结果

实 验 编 号	极限荷载/N	抗拉强度/MPa
1	2006	26.40
2	2133	28.08
3	2134	28.09
4	2044	26.90
5	2104	27.69
6	2120	27.90
7	2139	28.15
平均值	2097	27.60

3. 核石墨圆环破坏机理分析

为深入分析核石墨圆环压缩试件测量抗拉强度的合理性,现对圆环试件的破坏过程和破坏机理进行分析。在开展前述实验时,将圆环试件的一面喷制散斑,并利用 EoSens 3CXP 型高速相机采集加载过程中试件表面的散斑图像(测试过程中图像空间分辨率为 1184pixels×1710pixels,图像采集速率为 500fps)用于 DIC 分析;同时,在试件的另一面内径上下顶点附近分别贴有应变片,用于测量圆环试件受压过程中内径上下顶点附件水平方向应变的变化情况,并与 DIC 测量结果进行对比,应变片贴片位置如图 2.24 所示。

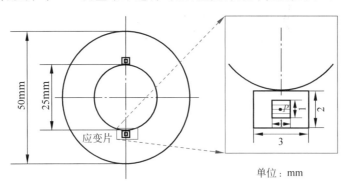

单位:mm

图 2.24 圆环对径压缩实验中应变片贴片位置示意图

如图 2.24 所示,应变片光栅中心 P 位于圆环内径下顶点下方 1mm 处,利用散斑图像可计算出以该点为中心的 1mm×1mm(应变片栅线区域面积)区域内的水平方向平均应变。将其结果与应变片测量结果进行对比,得到如图 2.25 所示的结果。两者较好的吻合度说明实验中 DIC 测量结果是可信的。

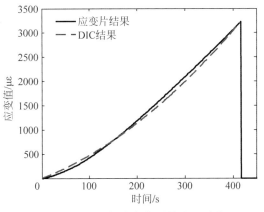

图 2.25 DIC 与应变片测量结果对比

基于 DIC 方法测量的应变场信息可计算得到圆环试件受载过程中第一主应变场的演化过程。图 2.26 是一个圆环试件在五个不同载荷条件下的第一主应变场分布图及其载荷-时间曲线。图 2.26(f)曲线上 a～e 五个点分别对应图 2.26(a)～(e)的载荷状态,可以看出,

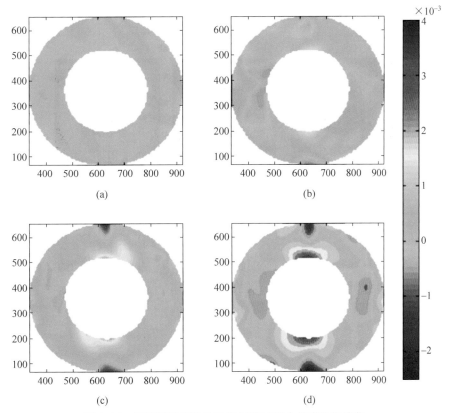

图 2.26 核石墨圆环试件对径压缩过程中的变形场演化

(a)～(e) 不同载荷下的第一主应变场;(f) 载荷-时间曲线(标注点为应变图对应的载荷)

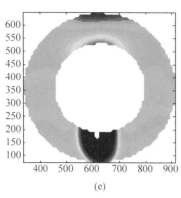 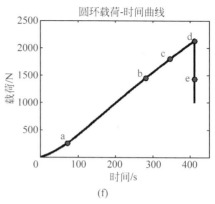

(e)　　　　　　　　　　　　　　(f)

图 2.26　（续）

圆环内径上下顶点处存在明显的集中拉应变。且由图(e)可以看出，圆环试件首先从内径下侧起裂，从而说明了圆环的破坏是由于圆环试件内径下侧的受力首先达到了材料抗拉强度极限所引起的。

利用高速相机还可记录圆环试件受载过程中的裂纹起裂及扩展过程。图 2.27 所示为同一个圆环测试中试件在破坏前、裂纹产生和裂纹贯通三个状态时的图像。从图中可以看出裂纹首先出现在试件内径下侧位置，之后裂纹扩展并贯穿整个圆环，最终圆环试件沿加载轴线劈裂。由上节分析可知，圆环内径上下顶点为最大拉应力点，且受纯拉应力作用，结合图 2.26 中的第一主应变分布可说明该圆环试件的破坏是由于内径下顶点处的拉应力状态达到了材料抗拉强度极限所致。

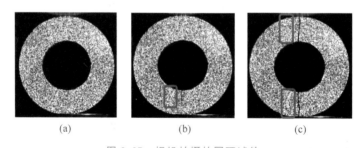

(a)　　　　　　　　(b)　　　　　　　　(c)

图 2.27　相机拍摄的圆环试件

(a) 无裂纹；(b) 出现裂纹；(c) 裂纹贯通（为突显裂纹位置，以上图像进行了后期处理）

综上所述，对于核石墨圆环对径压缩方法，由于试件内径上下顶点处处于纯拉伸应力状态，随着载荷增大试件内径上下顶点处的拉应力率先达到材料抗拉强度极限而发生拉伸破坏，最终试件沿加载轴线发生劈裂，破坏过程满足利用圆环对径压缩方法测量材料抗拉强度的条件，所以利用该方法能够准确测得核石墨材料的抗拉强度。

2.3　围压条件下力学性能测试

核反应堆复杂的内部结构导致其核石墨构件受力复杂，因此，需研究核石墨材料在复杂应力条件下的力学性能、破坏模式及强度准则等，为堆芯结构设计提供参考依据。针对上述问题，本节设计了不同围压条件下石墨柱的压缩破坏实验，研究围压对核石墨材料三轴强度、模量和破坏模式的影响,并获得核石墨材料在复杂应力下的强度准则。

2.3.1 核石墨圆柱围压实验及结果分析

1. 圆柱围压实验

实验材料选用 IG11 型核石墨材料,圆柱试件的设计直径为 50mm,设计高度为 100mm (图 2.28)。设计围压分别为 0MPa、5MPa、10MPa、20MPa、30MPa 和 40MPa,每种围压条件下进行 2 次重复实验,共计 12 个试件。加工后试件具体尺寸参数及实验时的围压条件如表 2.5 所示。

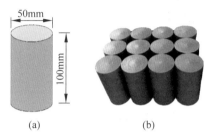

图 2.28 核石墨圆柱试件

(a) 试件尺寸;(b) 试件成品

表 2.5 围压及核石墨圆柱试件尺寸

试 件	设计围压/MPa	试件尺寸/(mm×mm)
♯1	0	$\phi 50.02 \times 100.04$
♯2		$\phi 50.04 \times 100.00$
♯3	5	$\phi 50.00 \times 100.00$
♯4		$\phi 50.01 \times 100.01$
♯5	10	$\phi 50.00 \times 100.00$
♯6		$\phi 50.02 \times 100.01$
♯7	20	$\phi 50.01 \times 100.02$
♯8		$\phi 50.06 \times 100.02$
♯9	30	$\phi 50.05 \times 99.99$
♯10		$\phi 50.01 \times 100.00$
♯11	40	$\phi 50.06 \times 100.00$
♯12		$\phi 50.00 \times 100.00$

加载装置选用 RLJW-2000 型微机控制岩石三轴、剪切蠕变试验机。试件的径向载荷受应力控制,轴向载荷受位移控制,通过使用与试验机相匹配的变形传感器记录径向和轴向位移(图 2.29)。变形传感器由 8 个悬臂梁引伸计组成,其中,4 个长悬臂梁(轴向变形引伸计)用于轴向位移测量,4 个短悬臂梁(径向变形引伸计)用于径向位移测量。变形传感器的上梯台压头通过螺栓固定在试验机的上压头,下底座固定在下压头。上压头始终与试件的顶面接触。在加载过程中,上压头保持固定,下压头向上移动,这将导致长悬臂梁沿上梯形

压头向外移动,产生挠曲变形,通过位于长悬臂梁根部附近内外两侧的 4 个应变计组成的全桥线路可得到该位置处的应变,通过应变进一步可得到长悬臂梁的挠度。将 4 个长悬臂梁的挠度值平均后,可以根据悬臂梁的挠度与试件轴向位移之间的关系计算出试件的轴向位移。同理,对于径向位移测量,由于短悬臂梁上的螺栓与试件紧密接触,当试件沿径向变形时,螺栓将向外移动并导致短悬臂梁产生挠曲变形,根据应变计测得的应变,可以得出短悬臂梁的挠度,然后得出试样的径向位移。

　　螺栓
　　上梯台压头
　　试件
　　径向变形引伸计(短悬臂梁)
　　轴向变形引伸计(长悬臂梁)
　　应变计
　　底座

图 2.29　围压实验中用于径向和轴向位移测量的变形传感器

　　实验前,先用酒精清理试件表面,并在自然条件下风干以备使用。实验流程主要分为 4 步(图 2.30)。首先,将试件的顶面和底面分别与上、下压头相连接,用热风枪将两层热缩管分别烘烤到试件上(图 2.30(a)),加第二层热缩管的目的是防止试件破坏时因损伤第一层热缩管而导致试件浸入液压油中。其次,将变形传感器安装在试件上(图 2.30(b))。再次,将包括试件、热缩管、变形传感器和压头在内的组装部件正确放置在三轴试验机上(图 2.30(c)),调整组件位置,并调试变形传感器。最后,将压力室外筒、卡紧套、卡紧块等组装成密闭的压力室(图 2.30(d)),以 0.05MPa/s 的加载速率将围压和轴向压力同步地增加至设计值,使试件处于静水压状态。待围压稳定后,以 0.1mm/min 的加载速率进行轴向加载直至试件破坏。

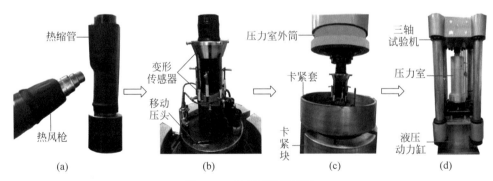

热缩管　　变形传感器　　移动压头　　热风枪　　压力室外筒　　卡紧套　　卡紧块　　三轴试验机　　压力室　　液压动力缸

(a)　　　　　　　　(b)　　　　　　　　(c)　　　　　　　　(d)

图 2.30　围压实验流程图

(a) 加双层热缩管;(b) 安装并调试变形传感器;(c) 在试验机上安装组件;(d) 开始正式实验

　　核石墨材料在围压条件下的实验结果如表 2.6 所示,其中 σ_3 表示围压,即第二和第三主应力;σ_1^c 表示核石墨材料的三轴强度,即围压条件下的最大轴向应力;$\overline{\sigma_1^c}$ 表示平均三轴强度；$\overline{\sigma_1^c-\sigma_3}$ 表示平均极限偏应力；ε_1^c 表示施加轴向载荷所产生的轴向破坏应变，该应变不包含施加静水压时产生的轴向应变；$\overline{\varepsilon_1^c}$ 表示平均轴向破坏应变。ε_3^c 表示施加轴向载荷所产生的径向破坏应变(不包含施加静水压时产生的径向应变)；$\overline{\varepsilon_3^c}$ 表示平均径向破坏应变。由表 2.6 可知，核石墨材料的三轴强度和破坏应变均随着围压的增大而增大，当围压从 0 增大至 40MPa 时，平均三轴强度从 67.0MPa 增大至 128.0MPa(1.9 倍)，平均轴向破坏应变从 0.024 增大到 0.097(4.0 倍)，径向破坏应变的绝对平均值从 0.006 增大到 0.019 (3.2 倍)。可见随着围压的增大，石墨材料的三轴抗压强度和破坏应变显著提高。

表 2.6 不同围压下石墨试件破坏强度与应变值

试 件	$\sigma_3/$ MPa	σ_1^c /MPa	$\overline{\sigma_1^c}$ /MPa	$\overline{\sigma_1^c-\sigma_3}$ /MPa	ε_1^c	$\overline{\varepsilon_1^c}$	ε_3^c	$\overline{\varepsilon_3^c}$
♯1	0	65.5	67.0	67.0	0.022	0.024	−0.005	−0.006
♯2		68.4			0.026		−0.006	
♯3	5	79.9	80.1	75.1	0.033	0.034	−0.007	−0.008
♯4		80.3			0.035		−0.008	
♯5	10	88.0	87.6	77.6	0.043	0.042	−0.009	−0.009
♯6		87.1			0.041		−0.009	
♯7	20	103.6	104.1	84.1	0.067	0.067	−0.013	−0.014
♯8		104.6			0.066		−0.015	
♯9	30	112.8	113.4	83.4	0.071	0.077	−0.014	−0.016
♯10		114.0			0.083		−0.018	
♯11	40	127.9	128.0	88.0	0.097	0.097	−0.019	−0.019
♯12		128.1			0.096		−0.019	

12 个核石墨试件的偏应力-应变曲线如图 2.31 所示，可知，当轴向应变和径向应变较小时，偏应力-应变曲线接近线性；随着轴向或径向应变的增加，曲线逐渐偏离线性；达到峰值强度后，试件迅速破坏，应力迅速下降。当围压在 5～40MPa 的范围内变化时，核石墨试件并未表现出明显的延性流动特性，这种现象不同于岩石的研究结果(Yang et al.，2008；赖勇，2009)。随着围压的增加，岩石材料表现出明显的延性流动特征，即偏应力-应变曲线达到峰值强度后出现软化，围压越大，软化曲线的斜率绝对值越小。当围压足够高时，软化曲线甚至会趋于水平。进一步研究核石墨材料的平均三轴抗压强度与围压之间的关系(图 2.32)表明，随着围压的增加，三轴抗压强度逐渐增加。

2. 弹性模量分析

在本研究中，核石墨材料在围压下的杨氏模量 E^* 专门定义为偏应力与轴向应变的比值，如下式所示：

$$E^* = (\sigma_1 - \sigma_3)/\varepsilon_1^* \tag{2-11}$$

式中，ε_1^* 为试件施加围压后加载产生的轴向应变，σ_1 和 σ_3 分别为试件的轴向及径向应力。该模量可以理解为核石墨材料在特定围压条件下所表现出的力学性能。不同围压条件下，核石墨材料的杨氏模量-偏应力曲线如图 2.33 所示。围压为 0～40MPa 时，核石墨材料的杨氏模量随着偏应力的增加几乎呈线性降低，同时所有围压条件下的杨氏模量-偏应力曲线

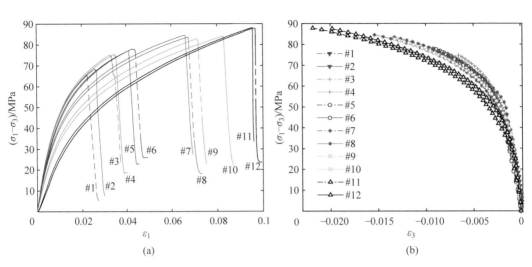

(a)   (b)

图 2.31 核石墨围压实验偏应力-应变曲线

（a）偏应力-轴向应变曲线；（b）偏应力-径向应变曲线

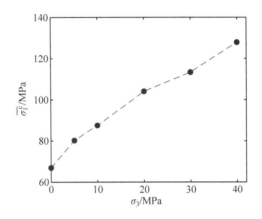

图 2.32 核石墨平均三轴强度与围压之间的关系

皆交汇于一点，该点对应的杨氏模量约为 0.8GPa（图 2.33 所示交汇点），并且同一偏应力条件下，围压越大，杨氏模量越低。

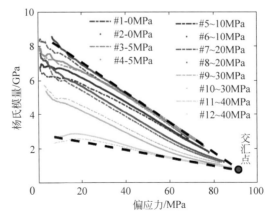

图 2.33 不同围压条件下核石墨材料加载全程中杨氏模量与偏应力的关系

此外,本文选取了加载初期偏应力-应变曲线的部分数据进行线性拟合,即应用应变范围为 0.0005~0.0018 内的数据(图 2.34)拟合杨氏模量。12 个试件的拟合结果如表 2.7 所示,其中,$\overline{E^*}$ 为相同围压下两个试件的平均杨氏模量。通过进一步研究杨氏模量和围压的关系(图 2.35)可知,核石墨材料的杨氏模量随着围压的增加而逐渐降低。该实验结果与岩石的结果相反,岩石的杨氏模量随围压的增加而增加(赖勇,2009;Wawersik and Brace,1971;尤明庆,2003)。这可能是由于施加围压期间,核石墨试件内部产生了损伤。

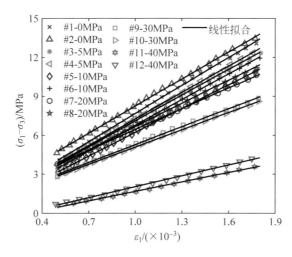

图 2.34　不同围压条件下核石墨材料杨氏模量拟合结果

表 2.7　不同围压条件下的核石墨材料杨氏模量

试　件	σ_3/MPa	E^*/GPa	$\overline{E^*}/\text{GPa}$
♯1	0	7.19	7.1
♯2		6.94	
♯3	5	6.62	6.7
♯4		6.79	
♯5	10	6.10	6.4
♯6		6.61	
♯7	20	5.32	5.6
♯8		5.96	
♯9	30	4.60	4.5
♯10		4.44	
♯11	40	2.42	2.6
♯12		2.79	

3. 体积模量分析

根据实验加载过程,可以求得两种情况下的体积模量:一种是排除施加静水压时产生的应力及应变而求得的体积模量 K^*,该模量可以理解为核石墨材料在特定围压条件下所表现出的力学性能;另一种则是包括施加静水压时产生的应力及应变而求得的体积模量 K,该模量可以理解为核石墨材料在经历静水压及后续轴向加载两个阶段所表现出的力学性能。

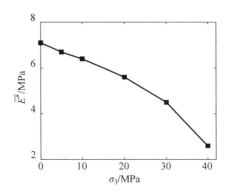

图 2.35　杨氏模量与围压之间的关系

排除施加静水压时产生的应力及应变而求得的体积模量 K^* 可表示为

$$K^* = \frac{\sigma_V^*}{\varepsilon_V^*} = \frac{\sigma_1 - \sigma_3}{\varepsilon_1^* + 2\varepsilon_3^*} \tag{2-12}$$

式中,ε_1^* 为试件施加轴向载荷至破坏过程中产生的轴向应变,ε_3^* 为试件施加轴向载荷至破坏过程中产生的径向应变,ε_V^* 在本研究中命名为偏体应变。从偏应力-偏体应变曲线(图 2.36)可知:围压在 0～30MPa 范围内,当偏应力及偏体应变较小时,各偏应力-偏体应变曲线比较吻合,随着偏应力的增大,不同围压条件下的偏应力-偏体应变曲线彼此分离,且围压越大试件破坏时的偏体应变越大。从体积模量-偏应力曲线(图 2.37)可知,当围压较小(0～20MPa)时,随着偏应力的增加,体积模量整体呈现出不同程度的先增后减趋势;随着围压增大(大于 20MPa 时),体积模量随偏应力增长趋势不明显,大致呈现递减趋势。从图 2.37 还可以看出,在所有围压条件下,各曲线随着偏应力的增大逐渐趋近于一点,该点对应的体积模量约为 1.5GPa。

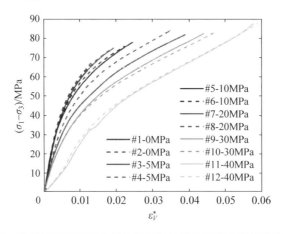

图 2.36　轴向加载至破坏过程中核石墨材料的偏应力与偏体应变关系

包括施加围压时产生的应力及应变而求得的体积模量 K 可表示为

$$K = \frac{\sigma_V}{\varepsilon_V} = \frac{\sigma_1 + 2\sigma_3}{\varepsilon_1 + 2\varepsilon_3} \tag{2-13}$$

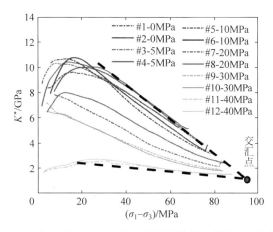

图 2.37 轴向加载至破坏过程中核石墨材料的体积模量 K^* 与偏应力关系

式中,ε_1 为试件施加静水压及轴向加载两个实验过程中产生的轴向应变,ε_3 为相应的径向应变。

不同围压条件下的体应力-体应变曲线如图 2.38 所示,显而易见,围压越大,试件破坏时的体应力与体应变越大,且当围压较小时,其体应力-体应变曲线具有一定程度的重合。体积模量 K 与偏应力关系如图 2.39 所示,围压为 0~10MPa 时,体积模量均呈现出明显的先增后减趋势,并且增长幅度随着围压的增大而逐渐减缓;围压大于 20MPa 时,体积模量总体呈现缓慢递减模式。另外还可以看出围压在 0~40MPa 范围内,各曲线随偏应力的增大趋向交汇于同一点,该点对应的体积模量约为 2.5GPa。

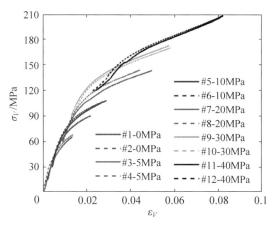

图 2.38 不同围压条件下核石墨材料的体应力与体应变关系

已有文献(李春光等,2007)证明体积模量与孔隙率成反比,所以随着围压的增大核石墨材料的孔隙被压缩,孔隙率会降低,因此加载至同一载荷时,材料的体积模量会随着围压的增大而增大。当围压较小(0~10MPa)时,在施加载荷初期,核石墨内部的孔隙会被压缩,因此材料的体积模量呈现逐渐增大趋势,在本文的实验条件下,偏应力小于 20MPa 左右时,体积模量随偏应力增大而逐渐增大,但随着偏应力的继续增大,核石墨内部的孔隙逐渐扩展甚至与周围的孔隙贯通,材料内部损伤加重,进而体积模量呈现出逐渐降低的变化趋势。当围压为 20~40MPa 时,施加围压的过程导致材料内部损伤比较严重,并且对材料力学性能影

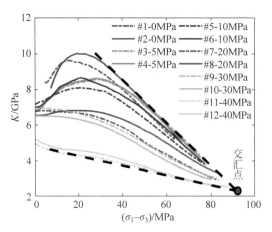

图 2.39　不同围压条件下核石墨材料的体积模量与偏应力关系

响较大,导致体积模量几乎不会增大而是随着偏应力的增大而逐渐降低,尤其是当围压为 40MPa 时,体积模量近似呈线性下降趋势(图 2.39)。

由以上分析可知,核石墨材料损伤会降低材料的力学性能,三向应力状态下核石墨材料的损伤量可以用体积模量的变化来表征,即引入损伤因子 D,建立损伤后的体积模量 K 与材料弹性阶段的初始体积模量 K_0 的关系式,再根据体积模量与材料的应力、应变的关系,最终可得到加载全程的损伤因子,具体计算公式如下:

$$\begin{cases} K = (1-D)K_0 \\ K = \dfrac{\sigma_V}{\varepsilon_V} = \dfrac{\sigma_1 + \sigma_2 + \sigma_3}{\varepsilon_1 + \varepsilon_2 + \varepsilon_3} \\ D = 1 - \dfrac{(\sigma_1 + \sigma_2 + \sigma_3)}{K_0(\varepsilon_1 + \varepsilon_2 + \varepsilon_3)} \end{cases} \tag{2-14}$$

将核石墨围压实验结果代入式(2-14)可以得到不同围压条件下核石墨材料的损伤因子与体应变的关系(图 2.40)。计算可知,当对核石墨试件仅分别施加 0MPa、5MPa、10MPa、20MPa、30MPa 和 40MPa 围压时,核石墨材料的损伤因子分别为 0、0.22、0.24、0.47、0.50 和 0.59,说明施加围压时,核石墨材料内部会产生损伤,并且围压越大材料的损伤程度越大;当围压稳定后,对核石墨试件施加轴向应力直至试件破坏,随着围压从 0 增至 40MPa,核石墨材料发生破坏时的损伤因子分别为 0.56、0.61、0.66、0.75、0.78 和 0.80,说明核石墨材料破坏时的损伤因子随着围压的增大而逐渐增大。

对图 2.40 中不同围压条件下测得的损伤因子进行多项式拟合,可得到损伤因子 D 的表达式:

$$D = 2\,878.7 \times \varepsilon_V^3 - 510.9 \times \varepsilon_V^2 + 32.1 \times \varepsilon_V \tag{2-15}$$

4. 破坏模式分析

不同围压条件下核石墨试件的破坏结果如图 2.41 所示,其中,每种围压下的两张破坏图分别为单个试件前后面。对试件破坏图进行处理以凸显其断裂面的特征,可以看出,围压条件下核石墨试件的破坏模式与单轴受压条件下的破坏模式明显不同。在没有围压的情况

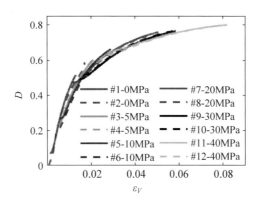

图 2.40　三向压应力状态下的损伤因子-体应变曲线

下,核石墨试件的碎裂程度严重且存在多条裂纹(图 2.41(a)),主裂纹几乎平行于轴向加载方向,表现为张拉破坏;当围压增至 5MPa 时,核石墨试件的断裂面明显减少且破碎程度显著降低,出现主裂纹明显的锥形破坏(图 2.41(b)),表现为以张拉破坏为主、剪切破坏为辅的剪张破坏模式;随着围压的继续增大,试件逐渐形成整齐的单一断裂面(图 2.41(c)~(f)),围压为 10MPa、20MPa 时,断裂面贯穿试件的上下端面,核石墨试件逐渐转变为以剪切破坏为主、张拉破坏为辅的张剪破坏模式(图 2.41(c)和(d));当围压为 30MPa 和 40MPa 时,断裂面从试件端面的边缘处延伸至试件侧面,核石墨试件呈现出较为明显的剪切破坏(图 2.41(e)和(f))。综上所述,随着围压的增加,核石墨试件经历了张拉破坏-剪张破坏-张剪破坏-剪切破坏四个模式的转化。通过统计各围压条件下的石墨试件破坏断裂角(θ),即断裂面与水平面之间的夹角,发现随着围压的增大,平均断裂角从 86.1° 逐渐减小至 59.4°(表 2.8),并且当围压从 5MPa 增加到 40MPa 时,断裂角几乎随围压呈线性减小(图 2.42)。

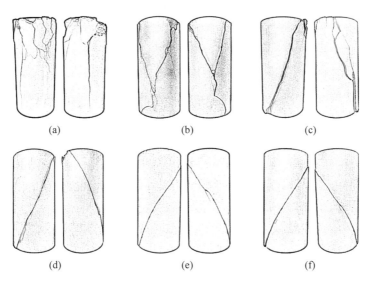

图 2.41　不同围压条件下核石墨圆柱破坏图

(a) 0MPa;(b) 5MPa;(c) 10MPa;(d) 20MPa;(e) 30MPa;(f) 40MPa

表 2.8　不同围压条件下核石墨圆柱断裂角

试　　件	σ_3/MPa	θ/(°)	$\bar{\theta}$/(°)
♯1	0	87.1	86.1
♯2		85.0	
♯3	5	68.7	67.7
♯4		66.7	
♯5	10	67.2	67.0
♯6		66.7	
♯7	20	63.4	63.5
♯8		63.5	
♯9	30	61.5	62.0
♯10		62.5	
♯11	40	59.5	59.4
♯12		59.2	

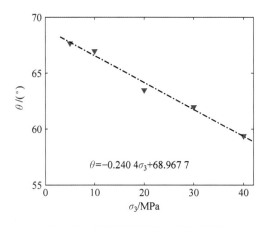

$$\theta = -0.240\ 4\sigma_3 + 68.967\ 7$$

图 2.42　断裂角与围压之间的关系

核石墨试件在不同围压条件下破坏模式的变化可以通过断裂面的粗糙度进行验证。下面用微米级断层面形貌激光测量系统(扫描仪的测量精度<10μm)对试件断裂面进行扫描(图 2.43(a))。避开试件断裂面的边缘位置,选择各试件断裂面中间位置 10mm×10mm 的范围为扫描区域(图 2.43(b)),沿 x 方向(断裂面产生滑移的方向)以 0.2mm/s 的速度进行采样,采样频率为 784Hz,沿 y 方向(垂直于滑动方向)的扫描步长为 0.2mm,每个扫描区域最终获得 51 个采样长度为 10mm 的样本。

用于断面扫描的试件如图 2.44 所示,从断面的凹凸情况可以较直观地判断出围压越大试件的断裂面越光滑,当围压大于 20MPa 时试件断裂面不再有明显凹凸不平的断层,整体趋近于较光滑的曲面,并且试件的断裂面逐渐出现密集光滑的高反光区域。不同围压条件下试件断面的起伏高度如图 2.45 所示,可知,围压较小时试件的断裂面起伏较大,单条扫描线上的起伏也比较明显,随着围压的增大,单条扫描线上的起伏趋平缓。

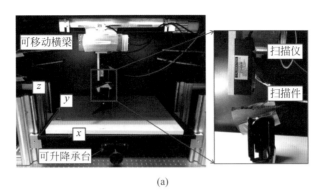

(a)

(b)

图 2.43　断裂面粗糙度测量

（a）实验装置；（b）扫描区域（单位：mm）

图 2.44　用于断面扫描的不同围压条件下的核石墨试件

对断面进行粗糙度分析时，需考虑断面起伏曲线上的微小峰谷。首先，每个断面采集到了 51 个样本（图 2.46（a）），将每个样本（图 2.46（b））划分为多个子样本（图 2.46（c）），为了捕获样本曲线上的微小峰谷，子样本的尺寸应足够小，在本研究中最终选择子样本尺寸约为 0.4mm。其次，用最小二乘法计算子样本中各采样点的轮廓中线（图 2.46（c）），再计算子样本中各采样点至轮廓中线的垂直距离。再次，计算子样本中所有采样点到轮廓中线垂直距

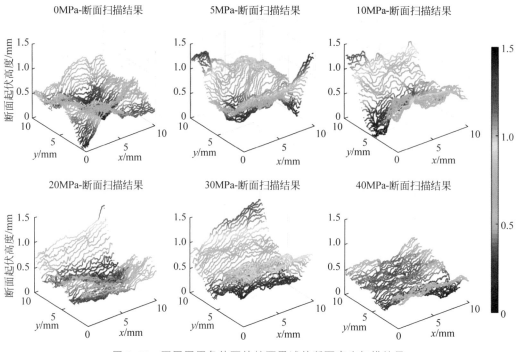

图 2.45 不同围压条件下的核石墨试件断面高度扫描结果

离的算术平均值,即为子样本的粗糙度参数 R'_a,其表达式为

$$R'_a = \frac{1}{2} \sum_{i=1}^{n} |z(x_i)| \qquad (2\text{-}16)$$

式中,n 表示子样本中的采样点数量,$z(x_i)$ 表示子样本中各点至轮廓中线的垂直距离。最后,对 51 个样本中所有子样本的粗糙度参数求算术平均值,进而得到试件断裂面的粗糙度参数 R_a(R_a 越大说明断裂面越粗糙)。

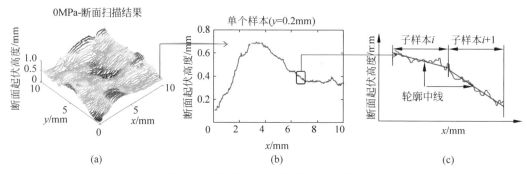

图 2.46 断面粗糙度计算样本及子样本

根据上述方法可得到 51 个样本中各采样点至轮廓中线垂直距离的分布直方图,如图 2.47 所示。可以很直观地看出,随着围压的增大,各采样点至轮廓中线距离的离散程度逐渐降低;从纵坐标可以看出,当围压从 0 增大至 40MPa 时,各采样点至轮廓中线的距离小于 $1\mu m$ 的数据占比分别为 9.6%、12.5%、12.8%、14.8%、15.9% 和 21.9%,说明

围压越大,各采样点至轮廓中线的距离越小,即断裂面起伏曲线上的微小峰谷越靠近轮廓中线。

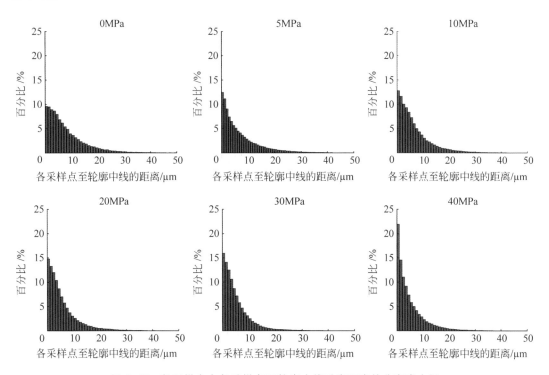

图 2.47　断面样本中各采样点至轮廓中线垂直距离的分布直方图

利用式(2-16)对图 2.47 中的数据进行分析,得到不同围压条件下核石墨试件破坏时的粗糙度和标准差(如表 2.9 所示)。图 2.48 表明随着围压的增大,试件断裂面的粗糙度参数逐渐降低。说明当围压较小时,试件的失效破坏由张拉破坏主导,导致试件断裂面的表面比较粗糙;当围压较大时,试件的失效破坏由剪切破坏主导,两个断裂面之间产生摩擦滑移,致使断裂面的表面比较光滑。因此通过试件断面粗糙度也可以说明随着围压的增大,核石墨试件由张拉破坏逐渐转为剪切破坏。

表 2.9　不同围压下核石墨试件断裂面的粗糙度

σ_3/MPa	$R_a/\mu\mathrm{m}$	$S_a/\mu\mathrm{m}$
0	7.71	6.90
5	7.00	7.06
10	6.58	6.30
20	5.68	5.71
30	5.20	5.21
40	5.05	5.51

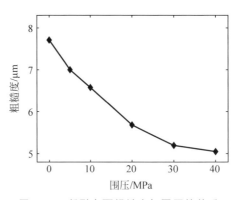

图 2.48　断裂表面粗糙度与围压的关系

2.3.2　核石墨材料强度准则

通过参考国际岩石力学学会(ISRM)提出的最著名的几个岩石材料强度准则,本文研究了适合 IG11 型核石墨的几个强度准则(Haimson and Bobert,2012)。这些强度准则包括 Mohr-Coulomb 准则(Labuz and Zang,2012)、Hoek-Brown 准则(Eberhardt,2012)、3D Hoek-Brown 准则(Priest,2012)和 Drucker-Prager 准则(Alejano and Bobet,2012)。这些强度准则的公式如表 2.10 所示,公式中的参数可以通过实验或经验获得。根据 Mohr-Coulomb 准则(式(2-17)),使用表 2.6 中给出的实验结果可算出核石墨材料的内摩擦角(φ)和内聚力(c),即:$\varphi = 10.64°$,$c = 29.58$MPa。由表 2.6 可知单轴压缩强度为 $\sigma_c = 67.0$MPa。地质强度指标(GSI)是在工程岩石力学中用于表征岩体特性的参数,由于核石墨是比较完整的试件,根据文献(Marinos and Hoek,2001)中的图表,可认定核石墨试件的 GSI 应大于 90,目前鲜有关于核石墨材料在参数选取方面的研究,本文取 GSI 分别为 90 和 100 用于研究该参数对强度准则的影响,如表 2.11 及图 2.49 所示。参数 D 取决于爆破和应力松弛引起的干扰程度,由于核石墨材料不受干扰,因此 $D = 0$(Zhang,2008)。参数 m_i 取决于岩石类型(纹理和矿物类型)(Zhang and Zhao,2013a;Hoek and Brown,1997;Marinos and Hoek,2001),鉴于该参数很难确定,本文进行了一系列参数分析,为了简要说明,本文只给了 m_i 取 1.5、4 和 25 时的结果(如表 2.11 及图 2.49 所示),如图 2.49 所示,通过对比 GSI 取 90 和 100 时 Hoek-Brown 与 3D Hoek-Brown 强度曲线,可知当其他参数相同时,强度曲线随 GSI 的降低而呈现整体向下移动的趋势(以 Hoek-Brown Ⅰ、Ⅳ 为例);通过对比 m_i 取 25、4、1.5 时 Hoek-Brown 与 3D Hoek-Brown 强度曲线,可知当其他参数相同时,随着 m_i 的降低,强度曲线的起点保持不变,但是 σ_1-σ_3 曲线的增长幅度逐渐降低。以 Hoek-Brown Ⅰ、Ⅱ 为例,在 σ_3 相同时,m_i 越小 σ_1 越小。经分析可知当核石墨材料采用 GSI=100,m_i=1.5 时,Hoek-Brown 与 3D Hoek-Brown 公式的预测值比较接近实验结果。

图 2.50 为根据表 2.10 中的四种强度准则获得的核石墨材料的强度曲线。可以看出,根据 Drucker-Prager 准则获得的预测结果与实验结果偏差比较大。相比之下,Hoek-Brown 准则、3D Hoek-Brown 准则和 Mohr-Coulomb 准则的预测结果与实验结果吻合良好。但是,根据上文可知 Hoek-Brown 准则和 3D Hoek-Brown 准则的公式中含一些未知参数,这些参数难以确定,因此,以上四种强度准则中 Mohr-Coulomb 准则更适合对核石墨材料进行强度评估。

表 2.10 岩石材料的强度准则公式

准 则	公 式	序号
Mohr-Coulomb 准则	$\sigma_1 = \xi\sigma_3 + \sigma_c$ 其中 $\xi = \dfrac{1+\sin\varphi}{1-\sin\varphi}$, $\sigma_c = \dfrac{2c \cdot \cos\varphi}{1-\sin\varphi}$	(2-17)
Hoek-Brown 准则	$\sigma_1 = \sigma_3 + \sigma_c\left(m_b\dfrac{\sigma_3}{\sigma_c}+s\right)^a$ 其中 $a = \dfrac{1}{2}+\dfrac{1}{6}\left(\exp\left(\dfrac{-\mathrm{GSI}}{15}\right)+\exp\left(\dfrac{-20}{3}\right)\right)$, $m_b = m_i\exp\left(\dfrac{\mathrm{GSI}-100}{28-14D}\right)$, $s=\exp\left(\dfrac{\mathrm{GSI}-100}{9-3D}\right)$	(2-18)
3D Hoek-Brown 准则	$s\sigma_c = \sigma_c^{\left(1-\frac{1}{a}\right)}\left(\dfrac{3\tau_{oct}}{\sqrt{2}}\right)^{\frac{1}{a}}+\dfrac{3m_b\tau_{oct}}{2\sqrt{2}}-\dfrac{m_b(I_1-\sigma_2)}{2}$ 其中 a, m_b, s 同式(2-18) $\tau_{oct}=\dfrac{1}{3}\sqrt{(\sigma_1-\sigma_2)^2+(\sigma_2-\sigma_3)^2+(\sigma_3-\sigma_1)^2}$, $I_1=\sigma_1+\sigma_2+\sigma_3$	(2-19)
Drucker-Prager 准则	$\sqrt{J_2}=\alpha I_1+k$ 其中 $J_2=\dfrac{1}{6}\left[(\sigma_1-\sigma_2)^2+(\sigma_2-\sigma_3)^2+(\sigma_3-\sigma_1)^2\right]$, $\alpha = \dfrac{2\sin\varphi}{\sqrt{3}(3-\sin\varphi)}$, $k=\dfrac{6c\cos\varphi}{\sqrt{3}(3-\sin\varphi)}$	(2-20)

表 2.11 GSI 及 m_i 的参数选取

参数	Hoek-Brown						3D Hoek-Brown					
	I	II	III	IV	V	VI	I	II	III	IV	V	VI
GSI	100	100	100	90	90	90	100	100	100	90	90	90
m_i	25	4	1.5	25	4	1.5	25	4	1.5	25	4	1.5

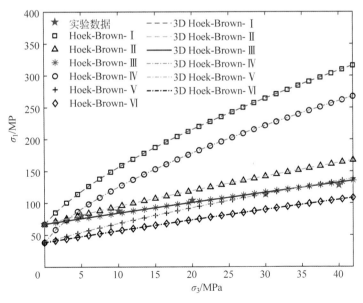

图 2.49 四种强度准则的结果对比

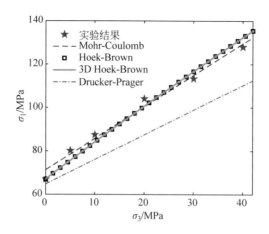

图 2.50 四种强度准则的结果对比

　　根据围压实验结果可以得到核石墨材料在不同围压条件下的莫尔圆,它与线性 Mohr-Coulomb 准则的关系如图 2.51 蓝色点划线所示,但是该结果未考虑核石墨的抗拉强度。参考 2.2.3 节的研究结果,可知核石墨材料的抗拉强度约为 27.6MPa。充分考虑核石墨材料在单轴拉伸和不同围压状态下的莫尔圆,可以获得核石墨材料的莫尔强度包络线(图 2.51 中红色虚线),从图 2.51 中可以看出,线性 Mohr-Coulomb 准则可能不足以预测核石墨材料的强度,因此有必要考虑非线性形式的 Mohr 强度准则(Li et al.,2006)。根据表 2.6 中给出的实验结果和抗拉强度,可以将抛物线型 Mohr 强度准则拟合如下:

$$\sigma = 0.05\tau^2 - 27.60 \qquad (2\text{-}21)$$

在 σ-τ 坐标系中,Mohr-Coulomb 准则(式(2-17))可以由内摩擦角和黏聚力表示如下:

$$\tau = \sigma \tan 10.64° + 29.58 \qquad (2\text{-}22)$$

　　如图 2.51 所示,将莫尔强度包络线(红色虚线 Ⅰ)、Mohr-Coulomb 强度准则曲线(由式(2-22)绘制的蓝色点划线Ⅱ)和抛物线型 Mohr 强度准则曲线(由式(2-21)绘制的绿色实线Ⅲ)绘于同一图中。可以很容易地看出,Mohr-Coulomb 准则明显与莫尔强度包络线偏离,而抛物线型 Mohr 强度准则与莫尔强度包络线更一致。综上所述,抛物线型 Mohr 强度准则比线性 Mohr-Coulomb 准则更适用于核石墨材料强度的预测。

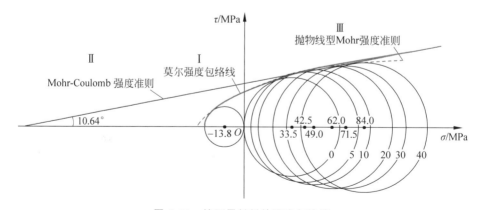

图 2.51 核石墨材料的强度包络线

第3章
核石墨材料损伤演化规律反演分析

损伤通常指的是由于微观结构缺陷(如微裂纹、微孔等)的发生和传播而引起的材料性能下降。核石墨材料是经复杂工艺而形成的一种含复杂细观结构的人造复合材料,是一种缺陷敏感的准脆性材料,在外载荷条件下易发生损伤并且损伤随载荷变化会发生演化。损伤的累积会对核反应堆的结构安全构成威胁,因此准确获取核石墨材料的损伤演化规律具有重要意义。力学中常用材料基本力学参数如弹性模量的劣化来表征材料的损伤,因此准确获得核石墨材料在不同载荷下的基本力学参数是认识其损伤演化规律的关键。而对于核石墨这类准脆性材料,常规的单向拉伸和压缩等基本力学参数测试方法具有明显的局限性。例如,拉伸时试件可能由于夹持端预紧力的过小或过大而出现滑脱或断裂,试件的偏心拉压也可能导致试件受到剪力而过早地失效破坏,这些情况的出现都会导致测试结果不准确;另外,真实工况下的核石墨材料处于复杂应力状态,然而复杂应力状态下关于材料损伤演化的研究还鲜有报道,对该情况下核石墨损伤场的测量及演化过程的表征都具有一定的难度。面对上述挑战,本章旨在介绍合适的损伤反演分析方法,这些方法结合数字图像相关技术、有限元模型修正法以及基于人工神经网络的数据驱动方法,为核石墨材料的损伤及演化提供高效的测试与表征手段。本章将以单向拉压应力状态与复杂应力状态下的核石墨损伤演化研究为出发点,借助核石墨梁四点弯曲实验和核石墨圆环对径压缩实验,通过反演的思路深入研究外载荷作用下核石墨材料的损伤力学行为,为核反应堆中核石墨结构设计与应用提供必要的理论基础与技术支持。

3.1 单向应力状态损伤演化规律

3.1.1 基于有限元模型修正的材料损伤参数反演方法

当前主流的材料参数反演方法包括有限元模型修正法(finite element model updating,FEMU)和虚场法(virtual fields method,VFM)等。有限元模型修正法是指建立和实验条件相同的有限元模型,以实验测试结果为约束,通过迭代的方式不断修正有限元模型中的材料参数,直到模拟变形与实测变形达到一定的收敛条件,即有限元模型尽可能准确地反映被测试件的真实应力应变状态,此时有限元模型中的材料参数即被认为是真实的材料参数

（Gravitz，1958）。有限元模型修正法在材料线弹性参数识别（Magorou et al.，2002；Lecompte et al.，2007；Molimard et al.，2005）、材料弹塑性参数识别（Meuwissen et al.，1998；Belhabib et al.，2008；许杨剑等，2013；Chalal et al.，2005）、材料黏弹性参数识别（Pagnacco et al.，2007）以及复合材料剪切非线性参数识别（刘伟先等，2013；He et al.，2016）等领域都得到了广泛的应用。虚场法是另外一种材料参数识别方法，其基本原理是根据待求本构参数的个数，选择若干个满足位移边界条件和连续性条件的虚位移场，由虚功原理建立实测应变、外载荷以及材料本构关系中未知参数的关系式。虚场法也已成功应用于各向同性材料弹性参数识别（郭保桥等，2011）和各向异性材料刚度本构参数识别（Chalal et al.，2005）等领域。相比有限元模型修正法，虚场法具有计算速度快的优势，但其使用有一定的局限性，如需要假定试件满足平面应力或平面应变条件，且需要选择满足一定条件的虚位移场，而在复杂的实验中，这些条件并不容易满足。以下将根据作者最近的研究工作（Liu et al.，2018），介绍基于有限元模型修正法的核石墨材料损伤参数反演原理。

勒梅特等效应力原理（Lemaître and Desmorat，2005）指出，含损伤材料的变形行为可以通过有效应力进行表征，因此一种行之有效的方法是通过模量的下降程度表征材料的损伤程度。考虑损伤演化的核石墨材料，其模量演化规律可以表示为

$$E = (1-D)E_0 \qquad (3\text{-}1)$$

式中，E 为考虑损伤的弹性模量，E_0 为初始弹性模量，D 为损伤变量。由于核石墨材料泊松比较小（IG11 型核石墨的泊松比为 $\nu = 0.14$），对应变场的影响较小（Lin et al.，2008），因此在反演过程中可以不考虑泊松比的变化，假定它始终为常数。如假定损伤变量可表示为等效应变的线性函数，且拉伸和压缩状态下损伤表达式不同，则 D 可以表示为

$$D = f(\bar{\varepsilon}) = \begin{cases} b_1\bar{\varepsilon}, & \varepsilon_1 > 0 \\ b_2\bar{\varepsilon}, & \varepsilon_1 < 0 \end{cases} \qquad (3\text{-}2)$$

式中，b_1 和 b_2 为损伤参数，$\bar{\varepsilon}$ 为等效应变，且

$$\bar{\varepsilon} = \sqrt{(\varepsilon_1^2 + \varepsilon_2^2 + \varepsilon_3^2)} \qquad (3\text{-}3)$$

其中 ε_1、ε_2 和 ε_3 分别为第一、第二和第三主应变。以单向应力状态（受力方向为 x 方向）为例，由式（3-1）～式（3-3）可知应力、应变曲线为二次曲线，即

$$\sigma = E\varepsilon = E_0\varepsilon_x - bE_0\varepsilon_x^2 \qquad (3\text{-}4)$$

本文中真实变形场由 DIC 测得，模拟变形场通过运行有限元商业软件 ABAQUS 获得，核石墨材料的损伤本构关系通过编写 UMAT 用户子程序实现。将 DIC 实测应变与有限元计算所得应变的方差建立为目标函数 $Q(b)$，当 $Q(b)$ 取得最小值时所得 b 值即为损伤参数的最优解。目标函数可以表达为

$$Q(b) = \sum_{j=1}^{M} \left[\sum_{i=1}^{3} (\varepsilon_i^{\text{num}}(b) - \varepsilon_i^{\text{DIC}})^2 \right]_j \qquad (3\text{-}5)$$

式中，M 代表目标区域的有限单元数目，$\varepsilon_i^{\text{num}}$ 代表有限元计算所得应变分量，$\varepsilon_i^{\text{DIC}}$ 代表 DIC 实测应变分量。图 3.1 给出了传统有限元模型修正法反演损伤变量的流程图，其中在黑色虚线框内采用的优化算法可根据实际情况进行选取，本文采用了单纯形法。反演的目的就

是通过优化算法得到损伤参数 b 的取值,当损伤参数 b 确定之后,即可得到核石墨材料的损伤演化规律。

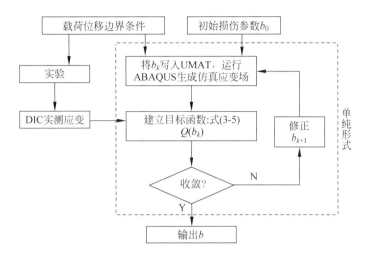

图 3.1　传统反演方法流程图

从图 3.1 可以看出,传统反演方法的有限元分析部分包含在优化算法之内,这使得每次迭代生成应变场时都必须运行有限元软件 ABAQUS,从而导致此方法反演效率低下。为了克服该缺点,发展了双层迭代反演方法,其流程图如图 3.2 所示。该方法结合了不动点法与单纯形法,构成了内外双层优化,大大缩短了计算时间,并且不影响计算的准确性。下面简要介绍其基本原理。

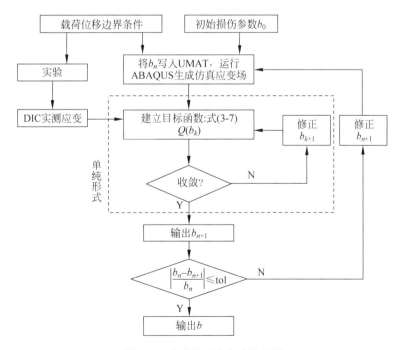

图 3.2　改进的反演方法流程图

在平面应力假设条件下,试件表面应力与应变可以表示如下:

$$\left\{\begin{array}{c} \varepsilon_1^{num} \\ \varepsilon_2^{num} \\ \gamma_{12}^{num} \end{array}\right\} = \left[\begin{array}{ccc} \dfrac{1}{E} & \dfrac{-\nu}{E} & 0 \\ \dfrac{-\nu}{E} & \dfrac{1}{E} & 0 \\ 0 & 0 & \dfrac{2(1+\nu)}{E} \end{array}\right] \left\{\begin{array}{c} \sigma_1^{num} \\ \sigma_2^{num} \\ \tau_{12}^{num} \end{array}\right\} \tag{3-6}$$

将式(3-6)代入目标函数表达式(3-5)中可得

$$Q(b) = \sum_{j=1}^{M} \left[\left(\frac{\sigma_1^{num}(b)}{E} - \frac{\nu\sigma_2^{num}(b)}{E} - \varepsilon_1^{DIC} \right)^2 + \left(\frac{\sigma_2^{num}(b)}{E} - \frac{\nu\sigma_1^{num}(b)}{E} - \varepsilon_2^{DIC} \right)^2 + \right.$$

$$\left. \left(\frac{2(1+\nu)\tau_{12}^{num}(b)}{E} - \gamma_{12}^{DIC} \right)^2 \right] \tag{3-7}$$

其中 $\sigma_1^{num}(b)$,$\sigma_2^{num}(b)$ 和 $\tau_{12}^{num}(b)$ 分别为有限元计算得到的两个正应力和剪应力。式(3-5)是一个关于损伤变量 b 的隐函数表达式,每次迭代需要在用户子程序 UMAT 中输入 b 值并运行 ABAQUS 软件,才可以获得 $Q(b)$ 的值。对于式(3-7),损伤参数 b 包含在应力分量(即 $\sigma_1^{num}(b)$,$\sigma_2^{num}(b)$ 和 $\tau_{12}^{num}(b)$)以及模量 E 中,如果各应力分量对损伤变量 b 不敏感,那么该公式可认为是关于 b 的显函数,此时改变式中 b 值即可改变 $Q(b)$ 的值,无需再运行 ABAQUS。重要的是,由于此有限元模型以外力作为边界条件,因此该问题可以转化为由平衡条件确定的边值问题(He et al.,2012),即材料应力场分布对损伤变量不敏感。在该条件下,应力分量的计算可以被提取到单纯形优化算法之外(图 3.2)。在内部迭代中,应力场保持不变,仅采用单纯形优化算法修正模量中的损伤参数 b。之后在外部迭代中,通过不动点法对 b 进行少量迭代以修正应力场,最后当 b_n 与 b_{n+1} 满足收敛准则时,即可输出最终结果。本研究的收敛准则设定为

$$\frac{|b_n - b_{n+1}|}{|b_n|} \leqslant \text{tol} \tag{3-8}$$

式中,n 为外循环次数;tol 为误差容限,设为 0.001。双重迭代方法有助于减少运行 ABAQUS 的次数,从而大大提高反演方法的效率。

3.1.2 核石墨材料拉压损伤参数反演分析

本节采用四点弯实验实现 IG11 型核石墨材料在单向拉压应力状态下的损伤参数反演。与单轴拉压实验相比,四点弯实验具有试件制备容易、操作简单的优点。另外四点弯试件的中心区域处于纯弯曲状态(图 3.3),中性轴以上处于压缩状态,中性轴以下处于拉伸状态,所以仅通过一个实验即可同时反演得到核石墨拉伸与压缩状态下的损伤参数。

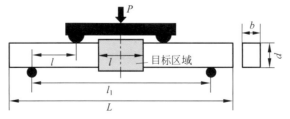

图 3.3 核石墨四点弯实验示意图

表 3.1 给出了实验试件的尺寸与材料参数,本实验使用长春科新 WDW-50E 型试验机,采用位移加载模式,加载速率为 0.05mm/min。加载前在试件的表面喷涂黑白油漆以形成不规则的散斑,加载过程中通过分辨率为 2048pixels×2048pixels 的 50mm 定焦镜头进行图像采集,采集帧率为 2fps(图 3.4),最终共采集到 1305 帧灰度图片。

表 3.1 核石墨四点弯试件尺寸与材料参数

L/mm	l_1/mm	l/mm	d/mm	b/mm	初始模量/GPa	泊松比
200	160	40	20	15	9.8	0.14

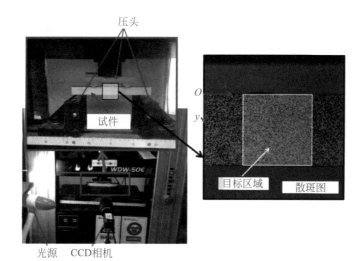

图 3.4 核石墨四点弯实验布置与目标区域

图 3.5 给出了核石墨四点弯实验测得的典型载荷-位移曲线,从图中可以看出载荷在经过一段线性增长之后,曲线表现出轻微的弯曲,外力达到峰值后迅速降为 0。由于目标区域处于纯弯曲状态,四点弯梁的横向(竖直方向)正应变和剪应变可忽略不计,本文在反演损伤参数过程中仅考虑梁纵向(水平方向)的应变。图 3.6 给出了使用 DIC 计算得到的第 200帧、第 700～1200 帧图片的水平方向应变场。从图中可以看出当载荷水平较低时,噪声对变形场计算结果影响明显,应变场计算结果波动较大。随着载荷水平的逐渐提高,变形场也趋

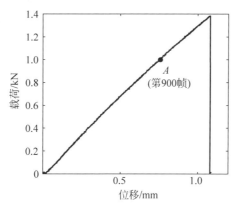

图 3.5 核石墨四点弯试件载荷-位移曲线

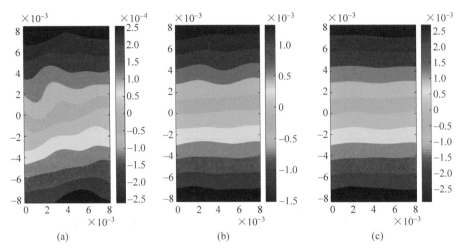

图 3.6　不同载荷条件下四点弯实验目标区域水平应变场
(a) 200 帧；(b) 700 帧；(c) 1200 帧

于稳定。为了减小噪声对变形场的影响，提高反演结果的准确性，此处选用第 700～1200 帧图片的变形场进行核石墨损伤参数的识别。

根据各向同性材料的纯弯曲理论，如果材料的拉伸与压缩力学性能相同，那么四点弯试件的中性层在弯曲过程中不发生拉伸与压缩变形。图 3.7(a) 给出了第 900 帧（图 3.5 中 A 点）时核石墨目标区域的水平应变场。目标区域应变沿竖直方向的分布可由每一排像素点的水平应变求平均获得 ($\overline{\varepsilon}_x$)，再结合目标区域实际物理尺寸可以绘制出图 3.7(b)。可以看出水平应变并不关于试件几何中心对称，如底部最大的拉应变为 0.002 15，而顶部最大的压应变仅为 0.001 90。事实上，中性轴与几何对称轴并不吻合，中性轴大约向压缩方向偏移了 0.9mm，这些结果表明 IG11 型核石墨的拉伸与压缩力学性能不同。

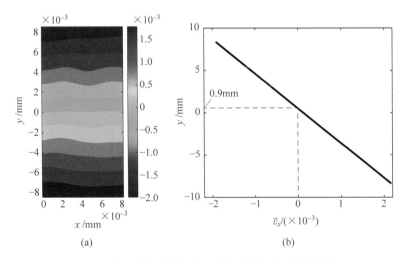

图 3.7　水平方向应变场及平均应变沿竖直方向的分布
(a) 应变场 (ε_x)；(b) 平均应变沿竖直方向分布

为了实现 IG11 型核石墨损伤参数的反演，本文建立了如图 3.8 所示的四点弯有限元模型。考虑到对称性,有限元模型仅为真实试件的二分之一,模型左侧沿水平方向施加对称边界条件。加载端设置为刚体,通过参考点施加竖直向下的集中力。核石墨梁模型被划分为2200 个实体单元(CPS4R),其中水平方向布置 100 个单元,竖直方向布置 22 个单元。红色框内为目标区域,共包括 8×20 个单元。为了准确地比较 DIC 实测值与有限元计算值,本文采用双三次插值算法将 DIC 实测应变插值到每个有限单元的高斯积分点处。

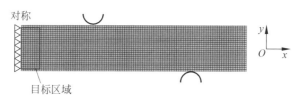

图 3.8　核石墨四点弯有限元模型

以第 900 帧图片为例,采用改进的优化算法(图 3.2)最终反演得到核石墨损伤参数为 $b_1=121.52, b_2=47.86$,即拉伸状态下的损伤参数为 121.52,压缩状态下的损伤参数为 47.86。该结果表明核石墨材料在拉伸与压缩时表现出不同的损伤演化行为,相同应变状态下材料在受拉伸时的损伤更加显著,这也验证了由图 3.7 观察得到的结论。将反演得到的损伤参数代入有限元模型中即可得到考虑损伤的应变场。图 3.9 将有限元得到的应变场(ε_x)与DIC 实测应变场进行了对比,可以看出两者吻合较好,其中 DIC 实测变形场不够平滑主要是由于噪声的影响。为了定量地比较实测应变场与反演得到的应变场的吻合程度,我们将目标区域(图 3.8 中红色方框)内 160 个单元从下至上进行编号,单元 $1 \sim 8$ 在最底部,$153 \sim 160$ 在最顶端。将有限元高斯积分点处的应变计算结果与对应位置的 DIC 实测结果进行对比(图 3.10),其中红色曲线代表有限元反演结果,蓝色曲线代表 DIC 实测结果,从图中可以看出两条曲线近乎完全重合。该结果验证了反演算法的可靠性,证实了核石墨材料在拉伸与压缩状态下具有不同的损伤演化模式。

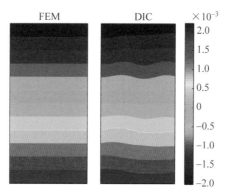

图 3.9　有限元计算应变场与 DIC 实测应变场对比

图 3.11 展示了基于 $700 \sim 1200$ 帧图片中的每一帧反演得到的核石墨拉伸与压缩损伤参数。从图中可以看出 1060 帧以前,在噪声的影响下反演得到的损伤参数有较大波动。以 b_1 为例,反演结果最高可达 150,最低可至 75 左右。随着应变水平的提高,噪声干扰程度降低,反演得到的损伤参数逐渐趋于稳定,最终拉伸状态下的损伤参数 b_1 趋近于 116 而压缩状态下损伤参数 b_2 趋近于 60。将得到的两个稳定的损伤参数代入式(3-1)和式(3-2),可绘

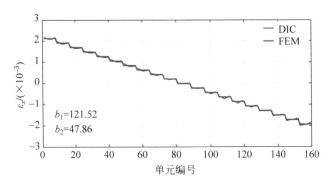

图 3.10 有限元计算应变与 DIC 实测应变对比

制出模量随应变的变化曲线(图 3.12)。从图中可以明显地看出,模量随应变的增加而降低,相同应变水平下拉伸时的损伤程度比压缩时更为严重。例如,当应变为 $2000\mu\varepsilon$ 时,拉伸状态下模量降低了 23%,降为 7.5GPa,而压缩状态下模量仅降低了 12%,降为 8.6GPa。

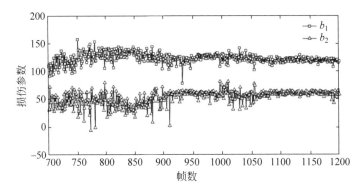

图 3.11 基于四点弯实验不同帧数辨识得到的损伤参数

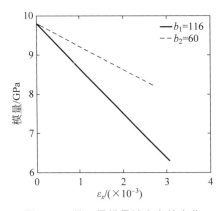

图 3.12 核石墨模量随应变的变化

表 3.2 列出了不同帧数下反演计算得到的损伤变量以及当前状态下有限元模型的应变范围。为了更直观地理解核石墨材料损伤演化情况,图 3.13 给出了考虑损伤演化的核石墨拉压应力-应变曲线。另外,为了说明材料损伤退化的严重程度,图中绘制了一条以 9.8GPa 为斜率的线弹性应力-应变曲线。从图中可以看出,相同应变水平下,拉伸曲线明显较压缩

曲线更加偏离线弹性曲线。整体来说,考虑损伤的核石墨材料的应力-应变关系呈非线性,非线性的强弱与损伤程度正相关,核石墨材料的承压性能好于其承拉性能。通过以上分析我们可以看出利用本文提出的反演方法,仅通过单次四点弯实验即可成功实现核石墨材料拉压损伤参数的反演。

表 3.2　不同帧数下获得的损伤参数及应变范围

帧　　数	700	800	900	1000	1100	1200
b_1	109.95	124.49	121.51	116.16	116.91	118.00
b_2	31.89	60.22	47.85	66.80	61.52	58.26
拉应变范围/($\times 10^{-3}$)	0~1.54	0~1.87	0~2.15	0~2.44	0~2.70	0~3.07
压应变范围/($\times 10^{-3}$)	−1.42~0	−1.74~0	−0.19~0	−2.55~0	−2.45~0	−2.72~0

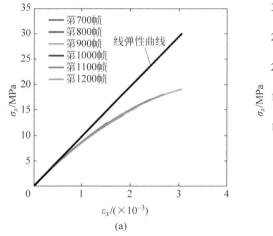 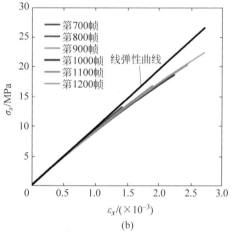

图 3.13　不同帧数下基于损伤参数得到的核石墨应力-应变曲线
(a) 单轴拉伸;(b) 单轴压缩

对于图 3.1 和图 3.2 给出的传统和改进的反演算法,不同的反演计算策略带来的计算时间是不同的,高效的计算方法有助于后续研究复杂应力状态下核石墨损伤演化规律。下面将对这两种反演算法的计算效率与鲁棒性进行讨论,并对双层迭代算法的有效性进行验证。

表 3.3 列出了利用第 900 帧图片由两种反演方法得到的损伤参数、迭代次数、ABAQUS 的运行次数以及反演的时长。反演计算采用的计算机主频为 2.6GHz,从表中可以看出两种方法计算出的损伤参数 b_1 与 b_2 近乎相同,然而两种方法消耗的计算时间却相差近 10 倍,分别为 3595s 与 332s。尽管改进后的双层迭代算法进行了更多次的优化迭代,但其计算迭代中却仅有 8 次进行了有限元修正,与传统算法修正更新 84 次相比,减少了近 10 倍。从表中也可以看出反演时间主要消耗在 ABAQUS 有限元软件的运行部分。传统反演方法每次迭代时都需要运行 ABAQUS,消耗了大量时间,而改进后的双层迭代法减少了内层迭代的优化次数,实现了反演效率的提升。

表 3.3 不同反演算法下的计算效率

算法	b_1 收敛值	b_2 收敛值	迭代次数	ABAQUS 运行次数	运算时长/s
传统算法	121.52	47.85	84	84	3595
改进算法	121.51	47.85	153	8	332

为了对双层迭代反演算法的鲁棒性进行验证,依然以第 900 帧图片为例,研究不同损伤初始值条件下反演结果的准确性。表 3.4 列出了 5 组基于不同初始损伤值进行反演得到的结果,从表中可以看出不同的初始值并不会影响最终的反演结果。当反演初值与真实值接近时,优化迭代次数更少,ABAQUS 运行次数更少,反演花费的时间更短。

表 3.4 不同初始值下的反演结果

组别	初始值 b_1	初始值 b_2	收敛值 b_1	收敛值 b_2	迭代次数	ABAQUS 运行次数	运算时长/s
1	1	1	121.51	47.85	153	8	332
2	20	20	121.53	47.86	148	7	296
3	50	80	121.53	47.86	145	7	291
4	110	40	121.55	47.88	120	6	254
5	140	30	121.54	47.87	121	6	257

双层迭代反演算法的基础是式(3-7)中的应力场对损伤参数不敏感,因此应力场不需要在单纯形优化算法中被更新。理论上来说,由于本文研究的四点弯模型以外力作为边界条件,可以看作由平衡确定的边值问题,因此应力场对材料损伤参数与本构关系不敏感。为了证明该结论,本研究进行了三组不同损伤参数($b_1=b_2=0$;$b_1=6$,$b_2=25$;$b_1=120$,$b_2=50$)下的四点弯有限元模拟,外载荷设置为 1kN。图 3.14 展示了不同损伤参数下的应力场分布,其中纵坐标为有限元模型中目标区域内每层单元的平均应力。从图中可以看出,不同损伤参数下的应力场差别非常小,这也说明在使用单纯形法更式(3-7)时,只需要更新模量即可,应力分量可以不做修正。

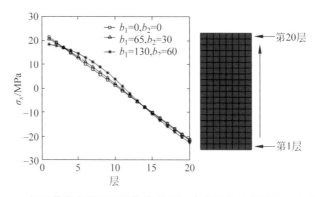

图 3.14 相同载荷水平不同损伤参数下四点弯试件目标区域应力场分布

3.1.3 L 型核石墨构件应力集中分析

为了满足核反应堆中复杂结构的连接、安装等需求,许多核石墨构件都需要加工成一定的复杂形状,并可能含有台阶、凹槽和缺口等(图 3.15)。由于截面的急剧变化,当核石墨构件承受载荷时,这些部位会产生应力集中的现象,应力集中的存在会使核石墨结构的强度和稳定性降低,甚至导致材料断裂。L 型构件是对含有易引起应力集中的沟槽或拐角的工程构件的一种简化模型,本节将根据上述反演获得的核石墨材料损伤演化规律,研究 L 型核石墨构件的应力集中问题。

图 3.15　高温气冷堆中的核石墨结构

1. L 型核石墨构件应力集中系数定义

本研究选取 IG11 型核石墨材料作为实验材料,测量 L 型构件拐角处的应力集中。L 型核石墨构件的几何形状如图 3.16 所示,通过构件两端的通孔对构件进行拉伸加载。根据力学分析可知,L 型构件应力集中最强烈的位置位于倒角处的 A 点。L 型核石墨构件的应力集中系数定义为 A 点处沿加载方向的实测应力 σ_m 与名义应力 σ_n 之比,即

$$k = \frac{\sigma_m}{\sigma_n} \tag{3-9}$$

其中,L 型核石墨构件在 A 点处的名义应力可以通过将 AA' 截面受力等效为拉弯组合来获得(图 3.17)。假设图 3.16 中载荷为 F,载荷作用线与 AA' 截面中心点的距离为 l,则将载荷左移距离 l,使其作用线通过 AA' 截面的中心点,根据等效原理,需要引入大小为 Fl 的弯矩。因此,L 型构件的名义应力可以表示为

$$\sigma_n = \frac{F}{ab} + \frac{Fl}{ba^2/6} \tag{3-10}$$

式中,a 为 AA' 截面的长度,b 为构件的厚度,即 AA' 截面的宽度(图 3.16)。

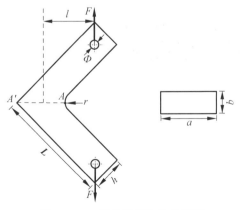

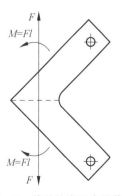

图 3.16　L 型核石墨构件示意图　　　　图 3.17　等效拉弯组合承载梁

由式(3-9)可知,得到 L 型试件应力集中系数 k 的前提是要测量得到构件在加载情况下倒角处 A 点的实际应力值,而通常情况下直接测量一点处的应力值是非常困难的。但是,当试件加载至最大破坏载荷 F_{max} 时 A 点的应力是可以推测出来的。由于核石墨是一种脆性材料,因此我们可以作出合理的假设:①因为 A 点处于单向拉伸应力状态且存在拉伸应力集中,所以当 A 点的拉伸应力达到核石墨材料的抗拉强度时,局部破坏便会在试件倒角处发生;②试件一旦在倒角处发生了局部破坏,裂纹便会迅速向试件内部扩展,并造成整个试件的破坏。基于以上假设,可以认为当 L 型核石墨试件加载至最大破坏载荷 F_{max} 时,A 点的应力值实际上即为材料的抗拉强度 σ_b。此时,试件的应力集中系数就可以表示为

$$k = \frac{\sigma_m}{\sigma_n} = \frac{\sigma_b}{(F_{max}/ab) + (6F_{max}l/ba^2)} \tag{3-11}$$

由式(3-11)可知,L 型核石墨构件的应力集中系数需要用其抗拉强度 σ_b 来表征和测量。由第 2 章可知,实验测量得到 IG11 型核石墨材料抗拉强度约为 27.6MPa。在抗拉强度及尺寸参数已知的条件下,只要得到 L 型试件的最大破坏载荷 F_{max} 便可以通过式(3-11)计算得到其应力集中系数。

2. L 型核石墨构件应力集中系数测试

本节主要通过实验方法研究倒角半径和试件尺寸这两个因素对 L 型核石墨构件应力集中系数的影响规律。具有不同倒角半径和不同尺寸的试件如图 3.18 和图 3.19 所示,表 3.5～表 3.7 列出了试件的尺寸参数,所研究试件的倒角半径(r)分别为 0.8mm、1.4mm、2.0mm 及 3.0mm,试件各方向的尺寸同步放大倍数分别为 1 倍、1.5 倍及 2 倍。为了准确地获得倒角半径及尺寸倍数对应力集中系数的影响规律,本研究对每种尺寸的试件均进行了 10 个重复拉伸加载实验。

图 3.18　具有不同倒角半径的 L 型核石墨试件

图 3.19　不同尺寸倍数的 L 型核石墨试件

表 3.5　1 倍核石墨试件尺寸　　　　　　　　　　　　　　mm

试　件	r	a	l	L	b	h	Φ
A	0.8	20.13	25.29				
B	1.4	20.38	25.16	50	10	14	5
C	2.0	20.62	25.04				
D	3.0	21.04	24.83				

表 3.6　1.5 倍核石墨试件尺寸　　　　　　　　　　　　mm

试　件	r	a	l	L	b	h	Φ
A′	0.8	30.03	38.01				
B′	1.4	30.27	37.89	75	15	21	5
C′	2.0	30.52	37.76				
D′	3.0	30.94	37.56				

表 3.7　2 倍核石墨试件尺寸　　　　　　　　　　　　mm

试　件	r	a	l	L	b	h	Φ
A″	0.8	39.92	50.74				
B″	1.4	40.17	50.61	100	20	28	5
C″	2.0	40.42	50.49				
D″	3.0	40.83	50.28				

通过前述分析已知,获得 L 型核石墨试件应力集中系数的关键是要测得其最大失效载荷,为了确定式(3-11)中的失效载荷 F_{max},本研究使用了量程为 2kN,载荷分辨率为 0.01N 的 WD3020 型拉伸试验机对试件进行拉伸加载。由于 L 型核石墨试件的形状特殊以及核石墨材料的脆性性质,本研究专门设计了一套针对 L 型核石墨试件的特殊加载夹具(图 3.20)来对试件进行夹持。在每个试件的两端以及每个加载夹具的两个支腿上都分别钻有直径为 5mm 的通孔,通过在通孔中插入销钉将试件和夹具连接在一起。加载夹具的一端通过螺栓与试验机连接来对试件进行加载,加载速率为 0.05mm/min,具体实验装置如图 3.21 所示。

图 3.20　L 型核石墨试件加载夹具

除计算试件倒角处的应力集中系数外,本研究还通过实验方法测量了倒角附近的应变。由于倒角附近存在较大的应变梯度,普通的应变片电测法会因为应变片对其光栅区域的平均效应而导致实测应变偏离真实值,因此,本研究采用基于摄影测量的"虚拟引伸计"代替应变片来对试件倒角附近的应变进行测量。其测量原理为采用高倍放大显微镜对目标区域的变形进行测量,这样便可以得到极小区域的应变值。在试件的倒角位置设置两个对称的标记点(图 3.21),在实验过程中用带有高倍显微镜头的 CCD 相机连续采集标记点区域的变形图像,然后通过基于灰度重心(Wang et al.,2011)的标记点定位方法得到两个标记点之间的相对位移。将这两个点之间的相对位移由原始距离归一化便可得到两点之间的平均应变,虚拟引伸计示意图如图 3.22 所示。

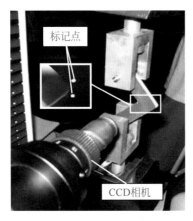

图 3.21　L 型核石墨拉伸实验装置

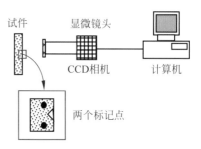

图 3.22　虚拟引伸计示意图

正如之前的假设,实验观测到所有核石墨试件在加载时都表现为突然的脆性破坏,在倒角处裂纹起始后迅速扩展导致试件断裂,图 3.23 所示为一个典型的核石墨拉伸破坏试件,其他各尺寸试件的破坏形式基本相同,均在试件的倒角处出现一条贯穿试件的裂纹。图 3.24 所示为实验测得的 L 型核石墨拉伸试件(1 倍大小,$r=0.8$mm)的载荷-位移曲线,可以看出随着位移的增加,载荷呈近似线性增加,加载至峰值载荷后迅速下降为零,与实验观测结果相对应,载荷达到峰值点的时刻即为试件出现裂纹的时刻。

图 3.23　L 型核石墨试件典型破坏图
（1 倍大小,$r=2$mm）

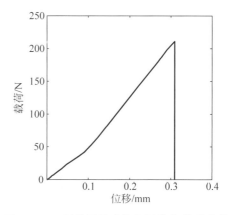

图 3.24　L 型核石墨试件典型载荷-位移曲线
（1 倍大小,$r=0.8$mm）

实验测得的不同倒角半径及不同尺寸倍数试件的破坏载荷如图 3.25 和图 3.26 所示。可以发现,尽管 L 型核石墨试件的破坏载荷表现出一定的分散性,但对于相同尺寸倍数的试件,其平均破坏载荷随着倒角半径的增大而增大,即倒角半径的增加加强了试件抵抗破坏的能力。同时,对于具有相同倒角半径的试件,随着尺寸倍数的增大,试件的平均破坏载荷也呈现增大的趋势。

将实验测得的破坏载荷代入式(3-11)可计算得到各试件的应力集中系数,不同倒角半径及尺寸倍数试件的应力集中系数如图 3.27 及图 3.28 所示。可以发现,对于相同尺寸倍数的试件,随着倒角半径的增加,试件的应力集中系数随之减小,即倒角处的应力集中随着倒角半径的增加而降低。因此,在工程构件中存在急剧变化的截面处设置合理的圆弧倒角可以有效降低其应力集中程度,防止构件过早发生破坏。同时,对于具有相同倒角半径的试件,随着尺寸倍数的增大,试件的应力集中系数呈现增大的趋势,这说明 L 型核石墨试件的应力集中具有一定的尺寸效应,核石墨构件设计过程中应该考虑该尺寸效应。

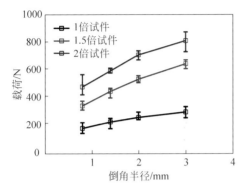

图 3.25　L 型核石墨构件破坏载荷-倒角
　　　　　半径曲线

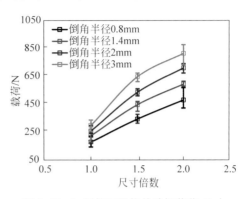

图 3.26　L 型核石墨构件破坏载荷-尺寸
　　　　　倍数曲线

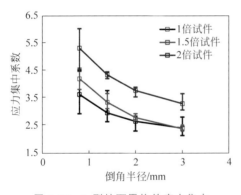

图 3.27　L 型核石墨构件应力集中
　　　　　系数-倒角半径曲线

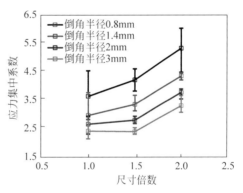

图 3.28　L 型核石墨构件应力集中系数-尺寸
　　　　　倍数曲线

3. L 型核石墨构件应力集中系数模拟

本节主要对 L 型核石墨构件的拉伸应力集中进行数值模拟,通过比较线弹性有限元模型和考虑损伤的有限元模型模拟结果,研究损伤对于 L 型核石墨拉伸构件应力集中的影响。

利用有限元软件 ABAQUS 建立与实际试件尺寸相同的有限元模型,有限元模型的加载方式、网格划分及边界条件示例如图 3.29 所示。考虑到试件几何尺寸及加载条件的对称性,此处仅建立了 L 型试件的二分之一模型,模型下边界施加 y 方向的对称边界条件。模型采用 C3D20R 单元,在倒角附近的应力集中区域进行了网格细分。因为金属销钉的弹性模量远远大于核石墨材料的弹性模量,所以模型中将圆孔处的销钉建立为刚体,并在刚体的参考点上施加竖直向上的位移实现对试件的加载,刚体与核石墨间的法向接触为硬接触,不考虑接触面间摩擦的影响。

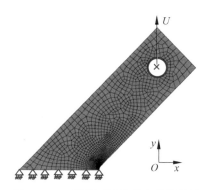

图 3.29　L 型核石墨构件有限元模型

首先，假设 IG11 型核石墨材料为线弹性材料（$E = 9.8\text{GPa}$，$\nu = 0.14$），进行有限元模拟。所有模型均加载至倒角处单元的拉伸应力达到核石墨材料的抗拉强度 σ_b，此时刚体销钉上施加的载荷即可视为模型的破坏载荷。通过线弹性有限元分析预测的不同倒角半径和尺寸倍数的 L 型核石墨试件的破坏载荷如图 3.30～图 3.32 所示。可以发现，线弹性模型预测的 L 型核石墨试件的破坏载荷与实验结果具有相同的趋势，即对于相同尺寸倍数的试件，其破坏载荷随着倒角半径的增大而单调增加，然而线弹性模型预测值与实验测量值之间有很大的差异。

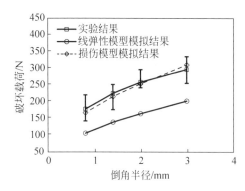

图 3.30　1 倍尺寸 L 型核石墨构件破坏
载荷-倒角半径曲线

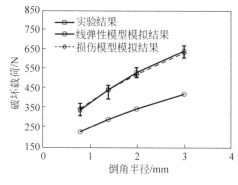

图 3.31　1.5 倍尺寸 L 型核石墨构件破坏
载荷-倒角半径曲线

将线弹性模型预测得到的破坏载荷代入式(3-11)可计算得到各试件的应力集中系数（如图 3.33～图 3.35 所示）。同样可以看出，线弹性模型的预测结果与实验结果具有相同的趋势，即对于相同尺寸倍数的试件，随着倒角半径的增加，试件的应力集中系数随之减小，但线弹性模型预测值与实验测量值之间有很大的差异。

此外，本研究还利用线弹性模型对 L 型试件上两个标记点之间的平均应变进行了预测，1 倍尺寸大小、倒角半径为 1.4mm 的试件倒角处标记点间的平均应变与试件所承受载荷的关系如图 3.36 所示。可以看出，线弹性模型预测的应变随载荷线性增加，加载至试件破坏载荷的 30% 之前，虚拟引伸计测量结果与线弹性模型预测结果基本保持一致。但随着载荷的继续增加，实验测得的应变-载荷曲线开始逐渐偏离线弹性模型预测结果，并且两者之间的差距随载荷增加越来越大。

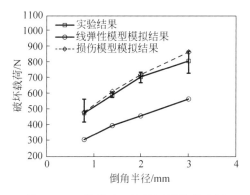

图 3.32 2 倍尺寸 L 型核石墨构件破坏
载荷-倒角半径曲线

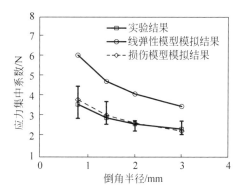

图 3.33 1 倍尺寸 L 型核石墨构件应力集中
系数-倒角半径曲线

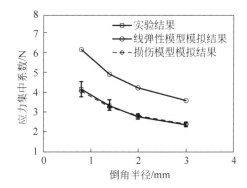

图 3.34 1.5 倍尺寸 L 型核石墨构件应力集中
系数-倒角半径曲线

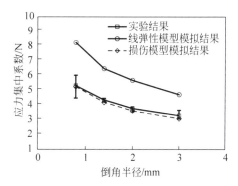

图 3.35 2 倍尺寸 L 型核石墨构件应力集中
系数-倒角半径曲线

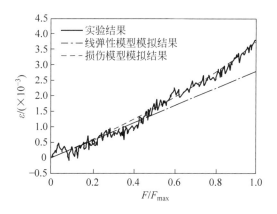

图 3.36 L 型核石墨试件倒角处标记点之间平均应变（1 倍尺寸，$r=1.4$mm）

图 3.30～图 3.36 中线弹性模型模拟结果与实验结果之间的显著差异可归因于载荷作用下核石墨材料内部发生了损伤，由此导致了材料性能的退化。正是由于核石墨材料中损伤的发展导致了真实试件与线弹性模型相比呈现出较高的破坏载荷和较低的应力集中系数。换言之，简单的线性弹性分析不足以描述 L 型核石墨试件的应力集中行为。

在 3.1.2 节通过核石墨四点弯实验反演获得了核石墨材料在拉伸和压缩载荷下的损伤

演化规律,最终得到了 IG11 型核石墨材料的拉伸和压缩损伤参数分别为 $b_t = 116$ 和 $b_c = 60$。本节将采用一种简单的基于主应变的损伤刚度选择方法建立 L 型核石墨构件损伤有限元模型。在该方法中,对于材料内任意一个积分点,首先将其全局坐标系下的 6 个应变分量转换为主应变空间中的 3 个主应变分量。假设 1,2,3 为 3 个主方向,主应变与应变分量之间的关系可表示为

$$
\begin{bmatrix} \varepsilon_1 & 0 & 0 \\ 0 & \varepsilon_2 & 0 \\ 0 & 0 & \varepsilon_3 \end{bmatrix} = \begin{bmatrix} l_1 & m_1 & n_1 \\ l_2 & m_2 & n_2 \\ l_3 & m_3 & n_3 \end{bmatrix} \begin{bmatrix} \varepsilon_x & \varepsilon_{xy} & \varepsilon_{xz} \\ \varepsilon_{xy} & \varepsilon_y & \varepsilon_{yz} \\ \varepsilon_{xz} & \varepsilon_{yz} & \varepsilon_z \end{bmatrix} \begin{bmatrix} l_1 & l_2 & l_3 \\ m_1 & m_2 & m_3 \\ n_1 & n_2 & n_3 \end{bmatrix} \tag{3-12}
$$

其中 $l_i, m_i, n_i (i=1,2,3)$ 分别为第 i 个主应变与 x, y, z 轴夹角的余弦值。

将应变分量转化为主应变分量之后,根据主应力与主应变之间的关系可以得到 3 个主应力分量的值:

$$
\begin{bmatrix} \sigma_1 \\ \sigma_2 \\ \sigma_3 \end{bmatrix} = \begin{bmatrix} \dfrac{E_1(\nu-1)}{2\nu^2+\nu-1} & \dfrac{-E_2\nu}{2\nu^2+\nu-1} & \dfrac{-E_3\nu}{2\nu^2+\nu-1} \\ \dfrac{-E_1\nu}{2\nu^2+\nu-1} & \dfrac{E_2(\nu-1)}{2\nu^2+\nu-1} & \dfrac{-E_3\nu}{2\nu^2+\nu-1} \\ \dfrac{-E_1\nu}{2\nu^2+\nu-1} & \dfrac{-E_2\nu}{2\nu^2+\nu-1} & \dfrac{E_3(\nu-1)}{2\nu^2+\nu-1} \end{bmatrix} \begin{bmatrix} \varepsilon_1 \\ \varepsilon_2 \\ \varepsilon_3 \end{bmatrix} \tag{3-13}
$$

值得注意的是,式(3-13)中需根据主应变 $\varepsilon_i (i=1,2,3)$ 的符号来确定与之相乘的损伤后的模量值 $E_i (i=1,2,3)$。如果 $\varepsilon_i > 0$,则将拉伸损伤参数 b_t 代入式(3-1)和式(3-2)中计算损伤后模量,即

$$
E_i = E_t = (1 - b_t \bar{\varepsilon}) E_0 \tag{3-14}
$$

相反,如果 $\varepsilon_i < 0$,则利用压缩损伤参数 b_c 来计算损伤后模量,即

$$
E_i = E_c = (1 - b_c \bar{\varepsilon}) E_0 \tag{3-15}
$$

由式(3-13)计算得到受损伤材料内任一积分点的 3 个主应力分量后,然后将主应力转化为全局坐标系下的全应力分量:

$$
\begin{bmatrix} \sigma_x \\ \sigma_y \\ \sigma_z \\ \tau_{xy} \\ \tau_{yz} \\ \tau_{xz} \end{bmatrix} = \begin{bmatrix} l_1^2 & m_1^2 & n_1^2 \\ l_2^2 & m_2^2 & n_2^2 \\ l_3^2 & m_3^2 & n_3^2 \\ l_1 m_1 & l_2 m_2 & l_3 m_3 \\ m_1 n_1 & m_2 n_2 & m_3 n_3 \\ l_1 n_1 & l_2 n_2 & l_3 n_3 \end{bmatrix} \begin{bmatrix} \sigma_1 \\ \sigma_2 \\ \sigma_3 \end{bmatrix} \tag{3-16}
$$

为了研究考虑损伤演化的 L 型核石墨试件的应力集中问题,通过用户子程序 VUMAT 将上述损伤模型应用到 ABAQUS 的计算中。图 3.37 为整个有限元分析的流程图,其步骤简述如下:

(1) 建立有限元模型,赋予每个单元初始材料参数;

(2) 增大加载位移;

(3) 计算每个单元在全局坐标系下的 6 个应变分量;

（4）将应变分量转化为主应变分量；

（5）根据主应变的符号确定损伤后模量，并计算主应力分量的值；

（6）将主应力分量转化为全局坐标系下的 6 个应力分量；

（7）如果单元应力满足破坏条件，输出破坏载荷。否则，转到步骤（2）。

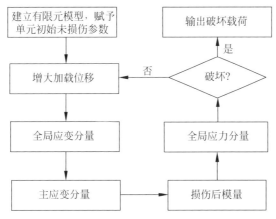

图 3.37　损伤有限元分析流程图

本研究采用上述损伤模型对具有不同倒角半径及尺寸倍数的 L 型核石墨试件进行了有限元仿真。损伤有限元模型预测的 L 型核石墨构件破坏载荷如图 3.30～图 3.32 所示。与线弹性模型的预测结果不同，损伤模型预测的各试件破坏载荷不仅与实验结果趋势相同，并且两者之间的差别非常小，相对误差均保持在 10% 以内。将损伤模型预测得到的破坏载荷代入式（3-11）可计算得到各试件的应力集中系数，结果如图 3.33～图 3.35 所示，可见损伤模型预测的应力集中系数与实验结果吻合较好。以上分析结果表明，对 IG11 核石墨的应力集中进行有限元仿真时应考虑损伤的影响。

1 倍尺寸大小、倒角半径为 1.4mm 的 L 型核石墨试件模型在破坏载荷下的第一主应力场如图 3.38 所示，其中图 3.38(a) 和 (c) 分别为线弹性模型和损伤模型在各自破坏载荷下的应力场，为了进行比较，图 3.38(b) 还给出了损伤模型在线弹性模型破坏载荷下的应力场。可以看出，线弹性模型在其破坏载荷（138N）下的高应力区要比损伤模型在其破坏载荷（216N）下的高应力区小得多。此外，在相同的载荷水平（138N）下，损伤模型中最大拉应力的值远小于线弹性模型中的最大拉应力，即远小于核石墨材料的抗拉强度，此时损伤模型中的单元并不会发生破坏，试件还可以继续承载。这说明核石墨材料的损伤导致了试件倒角处应力集中程度的降低。

图 3.39 给出了 L 型试件在其对称面（有限元模型最底侧单元）上沿加载方向（y 方向）的应力分布，$x = 0$ 对应试件的外角点（图 3.16 中 A′点）处。可以发现，在相同的载荷水平（138N）下，线弹性模型和损伤模型除了在试件倒角位置的最大应力不同外（损伤模型的拉应力较小），几乎呈现出相同的应力分布。两模型在各自的破坏载荷下，尽管倒角位置的最大应力相同，但在靠近倒角的一定区域内损伤模型比线弹性模型承受更大的拉应力。本质上，损伤降低了材料的模量，并降低了倒角处极高的应力集中，随着损伤的发展，越来越多的材料承受高应力的作用，从而大大提高了试件的承载能力。

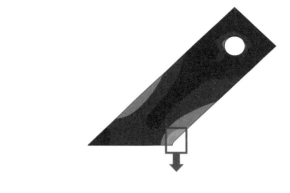

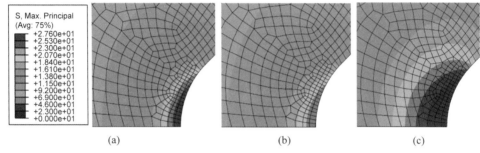

$$(a) \qquad\qquad (b) \qquad\qquad (c)$$

图 3.38　第一主应力场（1 倍尺寸，$r=1.4\text{mm}$）

（a）线性弹性模型在其破坏载荷（138N）下的应力场；（b）损伤模型在线弹性模型破坏载荷（138N）下的应力场；
（c）损伤模型在其破坏载荷（216N）下的应力场

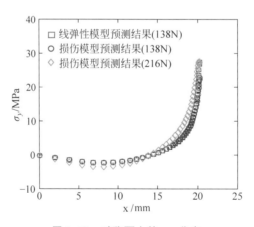

图 3.39　对称面上的 σ_y 分布

3.2　复杂应力状态损伤演化规律

3.2.1　基于人工神经网络的材料损伤演化规律反演方法

在核反应堆中，核石墨材料除了充当反射层和慢化剂之外，更重要的功能是作为堆芯结构材料来容纳堆内石墨燃料球，除承受堆上部及核石墨构件自身重力外，还承受机械载荷、热应力、辐射应力以及可能的动载荷而处于复杂应力状态,因此研究复杂应力状态下核石墨材料的损伤演化行为至关重要。3.1 节介绍了核石墨材料在单向应力状态下的损伤参数反演,即首先假定材料的损伤演化模式,然后通过反演的方法实现损伤参数的识别。然而,材料受单轴拉伸或单轴压缩仅是理想状态下的一种假设,由简单应力状态得到的损伤规律在真实工况下适用性较差。另外,核石墨材料在复杂应力状态下的损伤演化模式并不明确,很难事先给出在复杂应力状态下的损伤本构关系。

近年来流行的人工神经网络技术(artificial neural networks,ANNs)(Haykin,1998)为复杂模型的反问题求解提供了新的思路。ANNs 通过学习一定数量的数据样本即可建立起输入数据与输出数据之间的映射关系。和传统的数据处理方法相比较,ANNs 拥有强大的处理非线性问题的能力,尤其擅长处理"黑箱子"类型的系统。目前,ANNs 技术已经广泛地应用于解决力学问题(Jenab et al.,2016;Baldo et al.,2018;Li et al.,2019)。考虑到核石墨材料的损伤演化模式反演是一个复杂的非线性问题,本研究将基于 ANNs 技术,通过数据驱动的方法建立复杂应力状态下核石墨材料的应变和损伤变量之间的映射关系。

为获得复杂应力状态下核石墨材料的损伤演化模式,本文提出了一种基于反演和ANNs 技术的杂交方法。图 3.40 为该方法的流程图,其基本思路可概括如下:首先,通过实验手段获得处于复杂应力状态的核石墨试件的全场变形;其次,通过上节提出的双层迭代反演方法求解出试件有限元模型的模量分布(或损伤分布);最后,建立一个 ANNs 模型,将有限元模型中各单元的应变分量作为输入,损伤变量作为输出,通过数据驱动的方式训练一个收敛的 ANNs 以建立应变与损伤的映射关系。本文提出的方法结合了网格化数字图像相关方法(Q8-DIC)(Ma et al.,2012)、双层迭代反演优化算法、ANNs 算法以及 LM 优化算法。

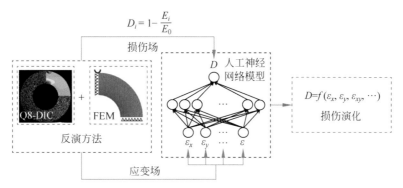

图 3.40　基于反演方法与 ANNs 技术的损伤演化规律识别流程图

由于应力集中等原因,试件的边界往往是损伤的起始位置或者损伤较严重的位置,如对径压缩圆环结构,它的损伤及破坏首先从圆环内径发生(Zhang et al.,2018),因此准确地获取包括试件边界的全场变形是成功实现参数反演识别的先决条件。传统基于子区的 DIC方法在全场变形测量方面存在诸多的局限性。首先,子区 DIC 方法无法获得连续的位移场,并且计算结果易受噪声影响;其次,子区 DIC 方法在试件边界处会丢失至少 1/2 子区大小的信息,无法获得试件表面的全场变形。为了解决 DIC 方法的局限性,本研究将采用 8节点网格化数字图像相关方法,即 Q8-DIC 方法(Ma et al.,2012)计算核石墨试件的变形场。Q8-DIC 将材料表面划分为若干单元,单元之间通过节点相连接,从而保证了整个位移场的连续性。由于在试件边界处布置了节点,因此试件边界处的变形也可以获得。

假定核石墨材料的损伤变量和应变分量有如下关系:

$$D = f(\varepsilon_x, \varepsilon_y, \varepsilon_{xy}, \cdots) \tag{3-17}$$

式中,D 为损伤变量,ε_x、ε_y、ε_{xy} 等为各应变分量,f 为应变分量与损伤变量的映射关系。本研究的目的在于求解得到 f,即获得在任意应变状态下材料的损伤程度。传统的基于有限元模型更新的反演方法都需要假定基函数即通常所说的损伤演化模式,如简单应力状态下的式(3-2)。但在复杂应力状态下假设的基函数可能不具备足够的普适性,而错误的基函数假定则会给损伤研究带来先验误差。ANNs 则提供了一种基于数据驱动的计算策略来解决这个问题,它消除了先验误差,使得结果更符合真实情况。

ANNs 神经网络包含若干个神经元,这些神经元与下一层的神经元全连接。神经网络的架构包含网络拓扑结构、激活函数与学习率三部分。网络拓扑结构代表着神经元之间的连接方式,不同的拓扑结构具有不同的表征能力;激活函数使得网络具有非线性表征能力;学习率决定了网络的迭代优化速度。神经网络系统通过对外部输入的动态响应来实现信息的处理。反向传播(back propagation,BP)算法训练的多层感知机是神经网络目前最流行的形式,它可以高精度地处理非线性模型,该网络简称为 BP 神经网络。BP 神经网络通常包含三层及以上神经网络,分别为输入层、隐藏层和输出层。隐藏层可以是一层或多层,相邻层之间的连接表示为权重和偏差,它们在学习过程中会自动调整。每一层都包含若干个神经元,层与层之间全连接,即上一层的神经元与下一层的所有的神经元都相连接,同一层神经元之间相互无连接。训练时,数据流从输入层途经隐含层向输出层传播,到达输出层后与真实值构成损失函数。为了使得损失值达到最小,损失值从输出层途经隐含层再回到输入层,通过梯度下降优化方法逐层地在负梯度相对应的方向上校正连接权重与偏置值。因为是从输出到输入反向地修正每层的参数,所以该方法被称为"误差反向传播算法"。随着每层误差不断地修正,网络对输入值响应的准确率也将不断地提升,当 BP 输出与目标输出之差达到最小值时,网络即为收敛。图 3.41 展示了具有三层网络结构的 BP 神经网络。

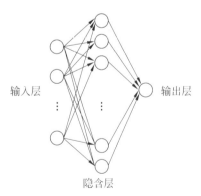

图 3.41 BP 神经网络

为了验证上述基于 ANNs 的方法在材料参数识别中的有效性,本节设计了两个模拟实验:三点弯模拟实验与圆环对径压缩模拟实验。通过三点弯模拟实验验证双层迭代算法在复杂应力情况下材料参数反演的有效性;通过圆环对径压缩模拟实验验证 ANNs 算法在损伤预测方面的有效性。与单向应力状态下的损伤参数反演不同,复杂应力状态下的损伤反演并没有明确的损伤演化本构关系,因此本研究将有限元模型中的每个单元参数都作为待反演参数进行优化反演。目标函数可以表达为

$$Q(D) = \sum_{j=1}^{M} \left[\left(\frac{\sigma_1^{\text{num}}(D)}{E} - \frac{\nu\sigma_2^{\text{num}}(D)}{E} - \varepsilon_1^{\text{DIC}} \right)^2 + \left(\frac{\sigma_2^{\text{num}}(D)}{E} - \frac{\nu\sigma_1^{\text{num}}(D)}{E} - \varepsilon_2^{\text{DIC}} \right)^2 + \right.$$

$$\left. \left(\frac{2(1+\nu)\tau_{12}^{\text{num}}(D)}{E} - \gamma_{12}^{\text{DIC}} \right)^2 \right] \tag{3-18}$$

式中各变量同式(3-7)。图3.42为复杂应力状态下核石墨损伤反演流程图。

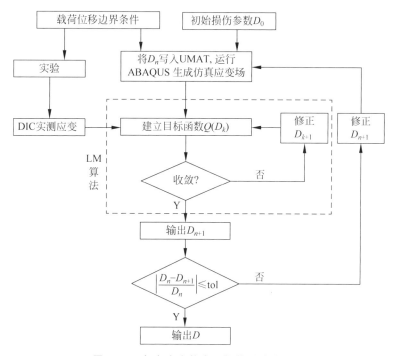

图 3.42　复杂应力状态下损伤反演流程图

1. 三点弯模拟验证实验

图3.43给出了模拟实验使用的三点弯有限元模型,考虑到对称性,此处仅建立了三点弯梁的二分之一模型。该模型共划分为2000个单元,沿横向划分100个单元,沿纵向划分20个单元。模型单元编号从左下角开始,最底层单元编号从左至右依次为1~100;最顶层单元编号从左至右依次为1901~2000。模型左侧施加对称约束边界条件,加载端使用刚体进行加载,中间压头处的集中力设置为500N,不考虑摩擦的影响。为验证反演方法的有效性,对每个单元随机赋值0~0.5的损伤变量D,并运行有限元程序生成相应的应变场。之

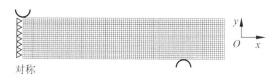

图 3.43　三点弯有限元模型

后以无损伤模量(9.8GPa)作为初始值采用双层迭代算法进行参数反演。将每个单元的模量作为一个独立的待反演参数,即本实验中共有 2000 个待反演参数。

图 3.44 给出了单元初始应变、收敛后应变与真实应变的关系图,为简洁起见,此处仅绘制了单元编号为 1～100(即最底层单元)的应变图。从图中可以很明显地看出最终收敛后得到的各应变分量与真实应变分量非常吻合。尽管随机损伤场激发出来的变形场杂乱无章,波动无序,但双层迭代反演算法计算结果与真实应变场一致,该模拟实验验证了反演算法的有效性。

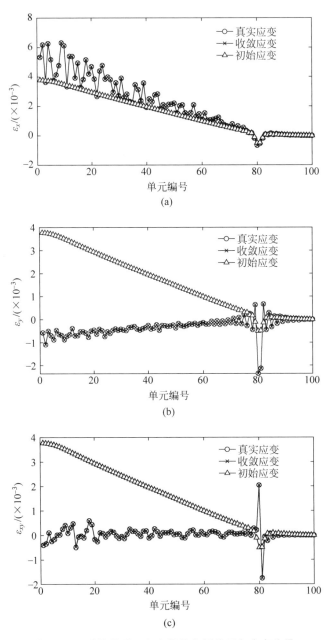

图 3.44 反演前后三点弯梁最底层单元各应变分量

图 3.45(a)和(b)分别展示了三点弯梁真实的模量分布与反演得到的模量分布。由于损伤值介于 0～0.5,因此各个单元的模量为介于 4.9～9.8GPa 之间的随机数,模量在空间中也呈随机分布。对比图 3.45(a)、(b)两图可以看出反演得到的模量场与真实模量场相一致。为了定量地比较两个模量场的差异性,图 3.45(c)给出了模型中的模量相对误差分布,相对误差定义为真实模量与反演获得模量的差值除以真实值。图中横坐标代表的是相对误差,纵坐标代表的是大于该相对误差的单元所占比例。从图中可以看出反演后的结果与真实结果吻合较好,所有单元模量的相对误差均小于 8%,大部分(73.6%)单元模量的相对误差小于 1%。

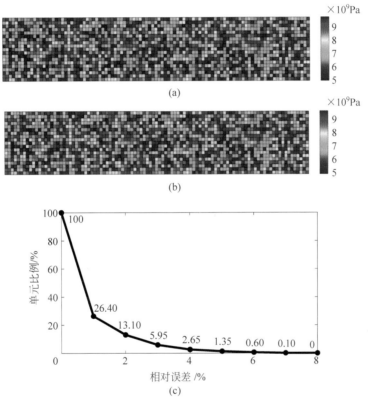

图 3.45　反演前后三点弯梁模量场与单元模量相对误差分布

(a) 真实模量场；(b) 反演收敛模量场；(c) 单元模量相对误差分布

2. 对径压缩圆环模拟验证实验

本研究还利用圆环对径压缩模拟实验验证了 ANNs 技术在材料损伤演化模式预测中的有效性。考虑到对称性,此处仅建立了圆环的四分之一模型(图 3.46)。在模型左侧和下方施加对称边界条件,加载端使用刚体加载,不考虑摩擦的影响。模型共划分了 1600 个实体单元,径向共有 20 层单元,每层 80 个单元。由于共有 1600 个单元,因此该模型中的待反演参数共有 1600 个。此处任意假定材料损伤演化模式服从下式：

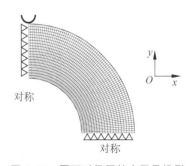

图 3.46　圆环对径压缩有限元模型

$$D = 20 \times \sqrt{\varepsilon_x^2 + \varepsilon_y^2 + \varepsilon_{xy}^2} \tag{3-19}$$

式中，ε_x，ε_y 和 ε_{xy} 为材料的应变分量。将式（3-19）通过用户子程序 UMAT 写入 ABAQUS 中并生成一个模拟实验变形场。基于该应变场，采用双层迭代反演方法识别有限元模型中的模量分布，收敛之后的各应变分量与真实应变分量对比结果如图 3.47 所示。同样为了简洁起见，图中仅给出了内、外径上各单元的计算结果，从图中可以看出反演后的应变与真实应变完全重合，再次验证了反演算法的有效性。下一步将基于已知的变形场与模量场利用 ANNs 通过数据驱动的方式获得单元应变分量与损伤变量之间的映射关系。

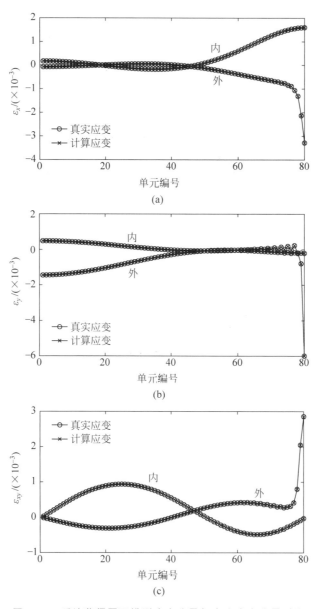

图 3.47 反演获得圆环模型应变分量与真实应变分量对比

为了训练得到一个具有较高准确率的神经网络,随机抽取圆环模型中 80％ 的单元(1280 个)作为训练集,剩下的 20％ 的单元(320 个)作为测试集用来测试网络的预测效果。本研究采用 BP 算法训练 ANNs 网络,搭建的网络结构(3-10-1)包含 3 个输入神经元(分别输入 ε_x、ε_y 和 ε_{xy})、10 个神经元的隐含层和 1 个输出神经元,激活函数采用 ReLu。在训练之前所有的输入变量都采用式(3-20)进行标准化处理:

$$x^* = \frac{x - \bar{x}}{S} \tag{3-20}$$

式中,x 代表输入变量,$\bar{x}$ 为输入变量的平均值,s 为输入变量的标准差。

图 3.48 展示了基于已训练好的 ANNs 神经网络的损伤变量预测结果,预测集中的 320 个单元按照其损伤变量从小到大进行排序。红色标记代表基于 ANNs 的预测结果,蓝色的标记代表由式(3-19)获得的真实损伤变量。从图中可以看出除了损伤变量非常小($D \leqslant 0.0025$)的单元外,其余单元的预测结果与真实结果较为吻合。此算例表明 ANNs 具有强大的非线性表征能力来识别材料的损伤特性,可以从大数据中发现输入变量与输出变量之间的联系,这也验证了基于 ANNs 的反演方法在材料参数识别中的有效性。

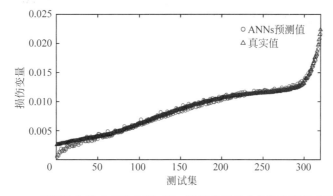

图 3.48　ANNs 预测值与真实损伤变量对比(预测单元按其损伤变量从小到大排序)

3.2.2　复杂应力状态下核石墨材料损伤演化规律反演分析

3.2.1 节介绍了复杂应力状态下材料损伤演化规律反演的相关技术,并验证了算法的有效性。本节将把这些技术应用于真实的核石墨圆环对径压缩实验,从而获得核石墨材料在复杂应力状态下的损伤演化规律。

1. 圆环对径压缩变形场测量实验

本研究采用 IG11 型核石墨圆环对径压缩实验进行损伤演化规律反演,图 3.49 与表 3.8 给出了圆环试件的尺寸与核石墨力学参数信息。实验开始前在试件表面喷涂不规则的黑白散斑,加载装置为长春新科的 WDW-100E 型试验机,采用位移加载模式对圆环进行加载。实验过程中全程采用 CCD 相机实现试件表面图像的采集,采集帧率为 2fps,图像分辨率为 1628pixels×1236pixels。

采集到的图像通过 Q8-DIC 方法实现试件表面变形场计算。图 3.49(b)给出了圆环模型的 Q8-DIC 网格示意图:圆环表面共划分了 42 个 8 节点单元,共计 154 个节点。考虑到加载处变形梯度较大,在圆环加载位置附件对网格进行了加密。图 3.50 展示了压头处的载荷-位移曲线,从图中可以看出当载荷达到峰值点后(试件出现宏观裂纹时),载荷迅速下降。

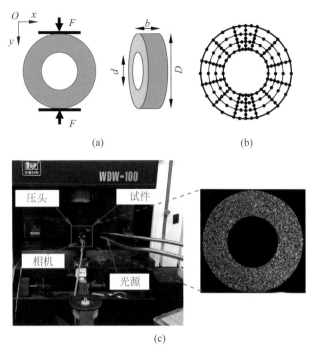

图 3.49 圆环对径压缩变形场测量实验

(a) 对径压缩核石墨圆环示意图；(b) Q8-DIC 网格布置图；(c) 实验布置

表 3.8 核石墨试件尺寸与材料参数

d/mm	D/mm	b/mm	初始模量/GPa	泊松比
25	50	15	9.8	0.14

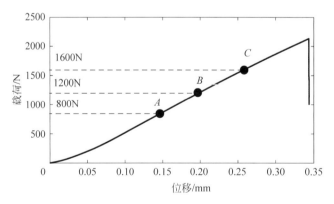

图 3.50 IG11 型核石墨对径压缩圆环压头处载荷-位移曲线

2. 损伤场反演分析

为了获得核石墨圆环试件的损伤场，本研究有限元模型修正部分采用图 3.46 所示的模型，为将 Q8-DIC 计算得到的应变场与有限元模型中的应变场进行对比，将 Q8-DIC 测量得到的变形场插值到有限元模型的单元积分点处。图 3.51 给出了加载到图 3.50 中 C 点(1600N) 时的 Q8-DIC 测量应变场与反演收敛后得到的有限元应变场，图中左侧为 Q8-DIC 测量结果,右侧为通过反演得到的收敛后应变场,从图中可以看出两者较为吻合。为了更直观地了解核石墨圆环的损伤演化及分布,图 3.52 给出了图 3.50 中 A,B 和 C 点三个加载时刻反演获得的损伤场。从图中可以清晰地观察到损伤首先出现在圆环内外径处,损伤区主要靠近中间对称轴并呈现半弧形状。随着外载荷的增大,上下两端部的损伤逐渐向试件内部扩展,内径处的损伤尤为严重,这主要归因于该处明显的应力集中(Zhang et al.,2018)。

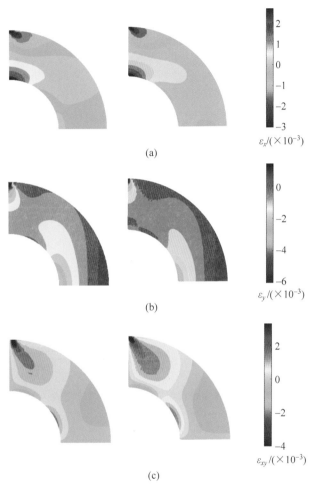

图 3.51　载荷-位移曲线(图 3.50)点 C 处 DIC 测量结果与反演结果对比

(a) ε_x; (b) ε_y; (c) ε_{xy}

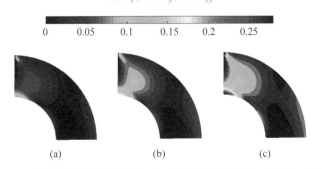

图 3.52　反演获得的损伤场(图 3.50 载荷-位移曲线中 A,B 和 C 点处)

(a) 点 A; (b) 点 B; (c) 点 C

3. 损伤演化反演结果

在获得核石墨损伤场的基础上,本节将利用 ANNs 技术通过数据驱动的方法,结合单元反演得到的损伤变量与各个单元应变分量实现 IG11 型核石墨损伤演化规律的求解。ANNs 模型的训练效果与训练样本数量息息相关,为了提升 ANNs 模型的训练效果,本研究从外载荷为 550～1000N 所对应的图片中每间隔 50N 取出 1 张图片(共计 10 张)进行损伤变量参数反演。由于模型共划分成 1600 个单元,所以最终共有 16 000 份样本用来训练模型。为获得应变分量与损伤变量的映射关系,本研究将三个应变分量(ε_x, ε_y, ε_{xy})作为输入,损伤变量 D 作为输出设计了如表 3.9 的 ANNs 结构。为了验证 ANNs 模型在损伤变量预测方面的效果,从所有样本中随机选择 80% 的样本作为训练集,剩余 20% 的样本作为测试集。

图 3.53 展示了训练收敛后 ANNs 对损伤变量的预测结果,红色的标记代表 ANNs 预测的损伤变量,蓝色的标记代表通过反演方法获得的收敛的损伤变量。从图中可以看出,对于预测集中大部分的单元,ANNs 可以准确地预测其损伤变量。表 3.10 给出了 ANNs 模型的结构参数,IG11 型核石墨损伤变量的表达式即可基于表 3.9 与表 3.10 表征出来。

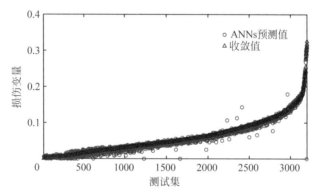

图 3.53 ANNs 预测损伤结果与反演得到的损伤结果对比

表 3.9 ANNs 结构

输入层神经元数目	隐含层数目	隐含层神经元数目	输出层数目	训练算法	激活函数
3	1	6	1	BP	ReLu

表 3.10 收敛后的 ANNs 网络结构参数

隐含层神经元数目	隐含层						偏置(转置)	输出层 权重	偏置
	权重								
6	0.059	0.392	−0.275	1.841	0.987	0.143	0.122	0.876	0.14
	0.267	0.716	−0.124	−0.088	−0.051	0.647	−0.850	0.052	
	0.540	−0.869	−0.118	0.640	0.342	1.310	0.032	−0.036	
	—	—	—	—	—	—	0.250	−0.668	
	—	—	—	—	—	—	0.137	1.280	
	—	—	—	—	—	—	0.293	−0.323	

4. 损伤演化规律深入讨论

3.2.1 节基于 ANNs 技术通过数据驱动的方式得到了核石墨材料应变分量(ε_x, ε_y, ε_{xy})与损伤变量 D 之间的关系,但我们仍不清楚究竟是何因素主导了核石墨材料的损伤行为。由于 ANNs 技术强大的表征能力,理论上来说只要输入与输出包含某种函数关系,并且模型参数设计合理,即可训练得到收敛的 ANNs。为了探究此问题,本小节采用相关系数来分析以下应变量:第一主应变(ε_1)、第二主应变(ε_2)和米塞斯等效应变(ε_e)对损伤变量的影响。相关系数 r 定义如下:

$$r = \frac{\sum\limits_{i=1}^{n}(x_i - \bar{x})(D_i - \bar{D})}{\sqrt{\sum\limits_{i=1}^{n}(x_i - \bar{x})^2 \cdot \sum\limits_{i=1}^{n}(D_i - \bar{D})^2}} \tag{3-21}$$

式中,x 代表应变,n 为样本数目,$\bar{x}$、$\bar{D}$ 分别代表应变变量的平均值与损伤变量的平均值。相关系数 r 的取值范围在 -1 到 1 之间。r 的绝对值越大,表明该应变变量与损伤变量的相关性越大。表 3.11 列出了不同应变变量与损伤变量的相关关系,从表中可以看出 ε_1 和 D 之间的相关系数最大,达到了 0.892。因此,核石墨圆环试件的损伤演化可能主要由第一主应变导致。

表 3.11　损伤变量与各应变之间的相关系数

	ε_x	ε_y	ε_{xy}	ε_1	ε_2	ε_e
r	0.337	0.064	0.479	0.892	-0.260	0.615

基于此猜想,在不改变 ANNs 模型隐含层及输出层结构的情况下,将与损伤变量具有最大相关系数的第一主应变 ε_1 作为一个新的输入神经元加入 ANNs 中,探究加入该输入神经元是否会改善模型的预测效果。对比图 3.53 与图 3.54 可以看出,改进后的 ANNs 模型在测试集上取得了更好的预测效果,从图 3.54 中可以看出蓝色标记与红色标记重合度更高,这说明改进后的网络泛化性更好,验证了核石墨圆环试件的损伤主要受第一主应力影响的猜想。从图中可以看出当损伤变量接近 0 时网络的预测效果不佳,这应该是因为采集到的图像中有较大的噪声,并且损伤变量接近 0 处的变形较小从而引起较大的数值计算误差。表 3.12 给出了最终收敛的网络结构参数。

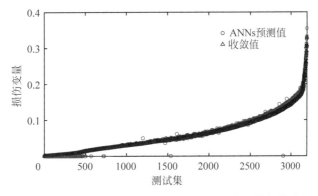

图 3.54　改进的 ANNs 模型预测损伤结果与反演得到的损伤结果对比

表 3.12　改进的 ANNs 模型的结构参数

隐含层神经元数目	隐含层 权重						隐含层 偏置(转置)	输出层 权重	输出层 偏置
6	0.284	−0.111	−0.042	0.638	0.194	−0.174	−0.705	0.312	0.075
	0.441	−0.170	−0.120	0.067	0.302	−0.264	0.316	−0.167	
	0.548	−0.211	−0.471	0.731	0.376	−0.330	−2.070	−0.644	
	1.601	−0.751	−1.169	−1.604	0.986	−0.694	−1.643	−0.848	
	—	—	—	—	—	—	−0.448	−0.453	
	—	—	—	—	—	—	0.337	0.108	

　　为了直观地揭示核石墨材料的损伤演化模式,以单轴拉伸/压缩和等双轴拉伸/压缩为例,在图 3.55 中分别绘制了基于收敛的 ANNs 模型得到的模量-应变曲线和应力-应变曲线。为了表明损伤程度,图 3.55(b)中绘制了一条无损伤的线弹性直线。从图中可以看出,核石墨材料在拉伸与压缩状态下的损伤程度具有明显的不同。在相同的应变水平下,拉伸状态下比压缩状态下的损伤更为严重。图 3.56 展示了基于 ANNs 和 3.1 节 FEMU 方法得到的单轴拉压应力-应变曲线对比结果。图中实线为采用损伤演化规律绘制的应力-应变曲线,虚线为采用 FEMU 方法得到的损伤演化公式绘制出的曲线。整体来说,对于这两种方法,除了在较大应变时单轴拉伸状态下得到的结果有些偏差以外,其余结果吻合度较好。这种差异可能是由于 IG11 型核石墨材料性能的分散性或 FEMU 方法中预先假定的损伤演化方程存在先验误差导致的。

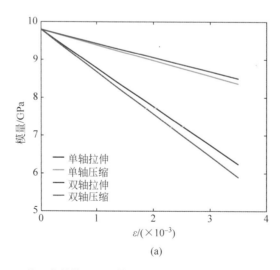

图 3.55　基于收敛的 ANNs 模型预测的单轴和双轴拉伸/压缩曲线

(a) 模量-应变曲线;(b) 应力-应变曲线

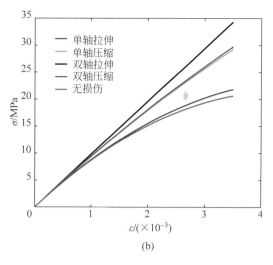

(b)

图 3.55　（续）

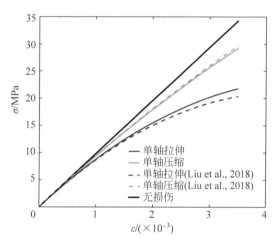

图 3.56　基于 ANNs 与 3.1 节 FEMU 方法得到的应力-应变曲线对比

第4章

核石墨材料断裂韧性测试

在核反应堆运行过程中，堆芯核石墨构件将承受常见的机械载荷、不同工况下的热应力以及由地震引起的动载荷等，在反应堆的使用寿命后期，核石墨构件可能因应力产生较大的变形继而产生裂纹，继续受载会导致结构发生局部破坏，进而影响整个堆芯结构的完整性，因此，有必要对核石墨材料的静态/动态断裂力学行为如断裂韧性测试进行研究。工程上常用的断裂韧性测试方法包括压痕法、紧凑拉伸法和带预制裂纹三点弯法等，其中带预制裂纹三点弯法因其试件制作简单、实验操作方便而被广泛采用，本章也将利用该方法对核石墨材料的静态/动态断裂韧性进行测试。在利用相应规范中的公式计算断裂韧性时，公式中需要代入载荷对应的裂纹长度，然而在实际实验中很难准确测得裂纹长度。为此，本章将采用一种基于数字图像相关技术的虚拟引伸计方法，该方法利用虚拟引伸计对试件表面的变形场进行分析，得到准静态/动态加载时裂纹尖端的准确位置，进而得到真实的裂纹长度，从而保证断裂韧性计算结果的准确性。

4.1 基于虚拟引伸计的断裂韧性测试原理

ASTM 公式(ASTM,2006)是工程中常用的测量断裂韧性的方法。根据 ASTM 标准，可通过带预制裂纹三点弯实验计算材料的断裂韧性 K_{Ic}，计算公式如下：

$$K_{\mathrm{Ic}} = 3g \frac{F_{\max}L_0}{BW^{1.5}} \frac{c^{0.5}}{2(1-c)^{1.5}} \times 10^{-6} \tag{4-1}$$

式中，$F_{\max}$ 表示断裂载荷，L_0、B 和 W 是试件的几何尺寸，分别表示试件的支撑跨度、厚度及高度(图 4.1)，g 可表示为

$$g = 1.938 - 5.095c + 12.386c^2 - 19.214c^3 + 15.775c^4 - 5.127c^5 \tag{4-2}$$

式中

$$c = \frac{a}{W} \tag{4-3}$$

其中 a 为断裂载荷下的裂纹长度，即初始裂纹长度(a_0)与裂纹扩展长度(Δa)之和(图 4.1)。但在实际实验测量中很难准确确定裂纹扩展区域，因此如何准确地测量裂纹长度 a 成为利用式(4-1)获得材料断裂韧性的关键。

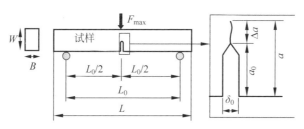

图 4.1　带预制裂纹三点弯试件示意图

本研究利用虚拟引伸计方法准确测量核石墨材料的裂纹长度,虚拟引伸计是一种基于 DIC 的非接触测量技术,可用于测量两点间的张开位移和位错位移。虚拟引伸计由在裂纹两侧对称设置的两个测点构成,测点连线与裂纹扩展方向垂直(图 4.2)。由 DIC 测得的位移场可以得到两个测点的相对位移,进而计算出垂直于裂纹扩展方向的裂纹张开位移和平行于裂纹扩展方向的裂纹位错位移。当裂纹还未穿过虚拟引伸计时,虚拟引伸计的开口很小,

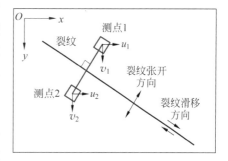

图 4.2　虚拟引伸计原理图

因为两测点之间的材料连续,由此引起的变形很小。随着裂纹扩展到穿过虚拟引伸计时,裂纹引起的大变形将使虚拟引伸计测量位移值显著增大。因此,当裂纹尖端通过虚拟引伸计位置时,虚拟引伸计测得的张开位移将经历一个突变,由此可确定裂纹尖端穿过虚拟引伸计的时刻。通过在裂纹扩展前方设置多个虚拟引伸计,研究这些虚拟引伸计的开口位移,可以有效地确定裂纹尖端的准确位置。

下面将介绍使用虚拟引伸计准确测量裂纹长度的步骤。如图 4.3 所示,用高速相机拍摄试件表面目标区域(area of interest,AOI)的一系列散斑图像(图 4.3(a)),然后用 DIC 方法计算不同时刻的位移场和主应变场(图 4.3(b)~(d))。这些变形场将用于确定裂纹尖端位置和计算裂纹张开位移(crack opening displacement,COD)。为了计算裂纹长度 a,需根据载荷-时间曲线与散斑图像的对应关系,从捕获的图像序列中识别出图 4.4 所示的三张关键散斑图像,即压头开始接触试件后的第一张散斑图像(记为 I_0),以及接触力达到最大值(F_{max})前后的两张散斑图像(分别记为 I_i 和 I_{i+1})。将图像 I_0 的拍摄时刻设置为 $t_0 = 0$,将与最大载荷对应的时刻记为 T_1,将图像 I_i 和 I_{i+1} 的拍摄时刻分别记为 t_i 和 t_{i+1},则 $t_i \leqslant T_1 \leqslant t_{i+1}$。裂纹长度 a 可通过以下步骤获得:

(1) 在散斑图像 I_i 上沿潜在断裂路径设置一系列等间距虚拟引伸计 E_i($i = 1, 2, \cdots, n$),如图 4.5(a)所示。计算组成虚拟引伸计的两个点在其连线方向的相对位移,即为虚拟引伸计位置的 COD。将虚拟引伸计与预制裂纹尖端之间的距离记为 H,可得到 COD 与 H 的关系曲线如图 4.5(b)中蓝线所示。

(2) 计算 COD-H 曲线的曲率(图 4.5(b)中红线)。对应于曲率峰值的 H 值可看作是图像 I_i 的裂纹尖端位置,即为裂纹扩展长度 Δa_i。

(3) 同理,可以获得图像 I_{i+1} 的裂纹尖端位置及裂纹扩展长度 Δa_{i+1}。基于线性插值法,可以得到对应最大载荷(T_1 时刻)的裂纹扩展长度 Δa。换言之,裂纹长度 a 可计算

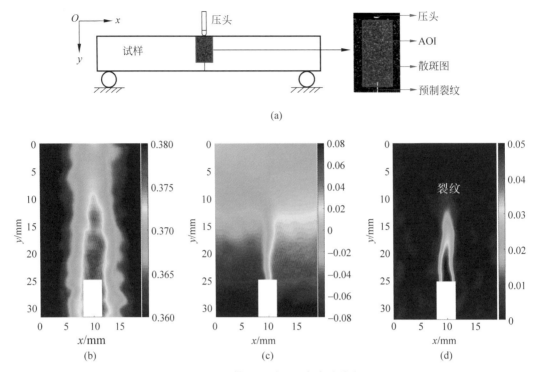

图 4.3　DIC 测带预制裂纹三点弯试件变形场

（a）散斑图像采集实验装置；（b）y 方向位移场（单位：mm）；（c）x 方向位移场（单位：mm）；（d）第一主应变场

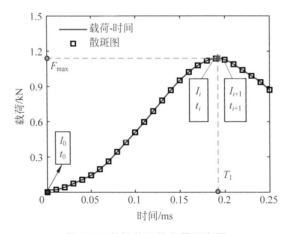

图 4.4　关键散斑图位置示意图

如下：

$$a = a_0 + \Delta a_i + (\Delta a_{i+1} - \Delta a_i) \frac{T_1 - t_i}{t_{i+1} - t_i} \tag{4-4}$$

（4）最后，将计算得到的高精度裂纹长度 a 代入式（4-1）计算出材料断裂韧性 K_{IC}。

为了验证上述虚拟引伸计方法，本研究以 3.8m/s 的冲击速度进行了带预制裂纹花岗闪长岩三点弯落锤实验。试件尺寸如图 4.6（a）所示：长度 $L = 420\text{mm}$，支点跨距 $L_0 = 400\text{mm}$，高度 $W = 100\text{mm}$，厚度 $B = 50\text{mm}$，预制裂纹高度 $a_0 = 15\text{mm}$，预制裂纹宽度 $\delta_0 =$

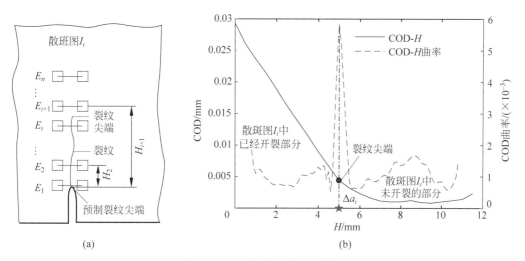

图 4.5 基于 DIC 的虚拟引伸计动态裂纹尖端定位

(a) 等间距布置虚拟引伸计；(b) 虚拟引伸计位置处的 COD 和 COD 曲率

2mm，裂纹尖端做锐角处理。花岗岩试样正面的自然纹理可作为天然散斑直接进行 DIC 测量。在试件背面的潜在断裂路径上布置三个裂纹应变计，用以监测裂纹尖端的扩展，裂纹应变计的具体布置位置如图 4.6(b) 所示。实验系统的布置示意图如图 4.6(c) 所示，在实验过

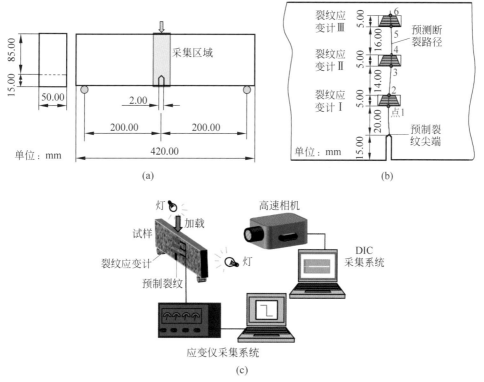

图 4.6 花岗闪长岩三点弯实验布置

(a) 试件尺寸；(b) 试件背面裂纹应变片布置；(c) 实验系统示意图

程中,用 SDY2101B 型动态应变仪以 1MHz 的频率采集裂纹应变计的输出电压,同时使用 Photron FastCam SA1.1 型高速相机以 100 000fps 的帧率采集试件表面的图像(320pixels× 128pixels)。

在裂纹扩展过程中,应变计按顺序损坏,并在捕获的电压数据中诱发突变(图 4.7(a)), 从而可以确定裂纹通过应变计上 6 个点(图 4.6(b))的时间(图 4.7(b))。同时,在散斑图像 上沿潜在断裂路径等间距设置 22 组虚拟引伸计。计算裂纹通过虚拟引伸计的时间,得到裂 纹长度 a 与时间的关系,图 4.7(b)所示虚拟引伸计法与应变计法测量结果的一致性验证了 虚拟引伸计法的准确性。值得一提的是,虚拟引伸计法具有更高的测量精度,因为相比于物 理应变计,试件上可以设置更多的虚拟引伸计。

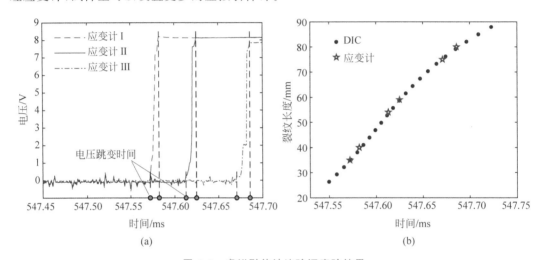

图 4.7 虚拟引伸计法验证实验结果

(a) 三个裂纹应变计的电压跳变;(b) DIC 与应变计法测定的裂纹长度比较

4.2 准静态加载下核石墨断裂韧性测试

4.2.1 带预制裂纹三点弯准静态实验

为测量 IG11 型核石墨材料的准静态断裂韧性,本节进行了带预制裂纹的核石墨三点 弯准静态实验,试件的几何形状如图 4.8(a)所示。根据中国国标(1994)及美国标准(1989) 将核石墨试件的厚度、高度和支点跨距之比设计为 $B:W:L_0=1:2:8$,根据现有研究 (史力等,2011)最终将试件的尺寸参数确定为:长度 $L=220$mm,支点跨距 $L_0=200$mm,高 度 $W=50$mm,厚度 $B=25$mm。中国国标(1994)和美国标准(1989)分别建议 a_0/W(试件 的初始裂纹长度 a_0 与试件高度 W 的比值)为 0.35~0.45 和 0.45~0.55。根据文献(史力 等,2011)的实验研究,当试件跨距、宽度和厚度保持不变时,核石墨材料的断裂韧性与 $a_0/$ W 的关系曲线呈非线性,并且 a_0/W 较小(0.1~0.3)或较大(0.5~0.7)时核石墨材料的断 裂韧性比较离散,a_0/W 在 0.3~0.5 之间时断裂韧性较为稳定,该结论与中国国标和美国 标准建议比较一致,因此,综合考虑后最终选取 $a_0/W=0.45$,预制裂纹高度 $a_0=22.5$mm, 预制裂纹宽度 $\delta_0=0.3$mm,采用线切割工艺制作预制裂纹,试件成品如图 4.8(b)所示,共进行 3 个核石墨三点弯准静态重复实验,加工后三个试件的实际尺寸如表 4.1 所示。

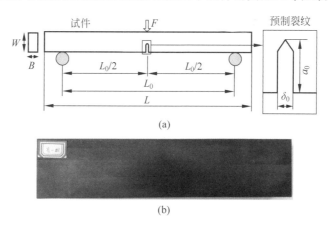

(a)

(b)

图 4.8 带预制裂纹核石墨三点弯试件

(a) 示意图(单位:mm);(b) 试件成品

表 4.1 带预制裂纹核石墨三点弯试件尺寸   mm

试 件	L	L_0	W	B	a_0	δ_0
♯1	219.6	200.0	49.9	25.0	22.2	0.3
♯2	219.7	200.0	49.8	25.0	22.3	0.3
♯3	210.0	200.0	50.0	25.1	22.5	0.3

加载及数据采集系统如图 4.9 所示。实验开始前先用酒精对试件表面进行清洗,风干后在试件的一个表面用喷漆制作人工散斑用于 DIC 测量。用 WDW-100 型电子万能试验机以 0.05mm/min 的速率进行加载,同时采用 IPX-16M3-L 型高分辨相机以 1fps 的帧率采集图像(4872pixels×3248pixels,实测物面分辨率为 17.6μm/pixels),实验开始前,对试验机控制系统和 DIC 图像采集系统进行对时并同步采集。图 4.10 所示为一个典型试件破坏图,三个实验的载荷-加载时间曲线如图 4.11 所示。可以看出,前期载荷几乎线性增大;载荷在达到最大值前后约 10s 的范围内,载荷变化极小;之后载荷呈现由快到慢的降低模式,加载过程中可以观测到裂纹起裂后缓慢扩展,直至试件断裂。在本实验条件下,核石墨试件加载至破坏的整个过程用时约 500s。

散斑图

图 4.9 核石墨三点弯实验布置

图 4.10 核石墨三点弯试件破坏图

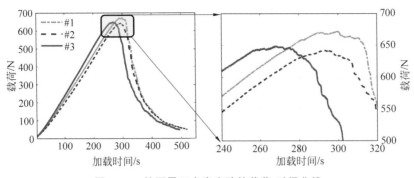

图 4.11　核石墨三点弯实验的载荷-时间曲线

4.2.2　准静态加载下核石墨材料断裂韧性

根据 4.1 节所述虚拟引伸计方法,沿目标散斑图像上的潜在断裂路径设置 45 个等间距的虚拟引伸计,用以计算虚拟引伸计位置处的 COD,从而准确确定裂纹尖端位置或裂纹扩展长度。其中,第一个虚拟引伸计设置在预制裂纹尖端位置处(图 4.5(a))。IG11 型核石墨材料在载荷作用下的裂纹扩展长度(Δa)和总裂纹长度(a)计算结果见表 4.2。试件达到峰值载荷时,三个实验测得的平均裂纹扩展长度为 0.31mm,可见裂纹扩展长度非常小。根据式(4-1)计算核石墨材料的断裂韧性,三个核石墨试件准静态加载下的平均断裂韧性为 1.12MPa • m$^{1/2}$,该数值与已有文献研究得到的准静态加载下核石墨材料断裂韧性(0.82~1.27MPa • m$^{1/2}$(史力等,2011;Yamada et al.,2014))较为一致。

表 4.2　裂纹长度和断裂韧性

试　件	峰值载荷/N	Δa/mm	a/mm	K_{IC}/(MPa • m$^{1/2}$)
#1	672.50	0.70	22.90	1.17
#2	643.00	0.12	22.42	1.09
#3	648.50	0.12	22.62	1.10
平均值	654.67	0.31	22.65	1.12

4.2.3　准静态加载下核石墨材料裂纹扩展

与 4.2.2 节类似,对压头与试件接触后的所有散斑图沿潜在断裂路径设置一系列等间距虚拟引伸计,计算出不同加载时刻(每张图上)的裂尖位置,可以得到裂纹扩展长度随时间的变化关系(图 4.12)。三个试件的起裂时刻依次为 293s,292s 和 266s,并且随着加载时间的增大,裂纹扩展长度呈现出先快后慢的增长趋势。

根据图 4.12 的数据可以计算出不同加载时刻的裂纹扩展速度,从裂纹扩展速度与裂纹扩展长度的关系(图 4.13)可以看出,三个试件的曲线呈现出比较一致的变化规律,即裂纹扩展速度均表现出明显的先增后减的变化趋势。裂纹起裂后以约 0.13mm/s(三个试件的平均初始裂纹扩展速度)的速度逐渐扩展,并在裂纹扩展长度约为 7.8mm(三组试件的平均裂纹扩展长度)时,裂纹扩展速度达到最大值 0.377mm/s。从裂纹扩展速度与裂纹扩展时间的关系(图 4.14)可知,预制裂纹起裂后,裂纹扩展速度达到峰值时的裂纹扩展时间分别为 35s、38s 和 39s,裂纹扩展总时长可达 200s。

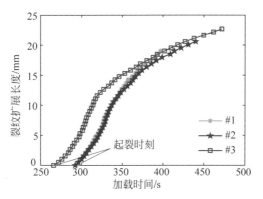

图 4.12　裂纹扩展长度与加载时间之间的关系

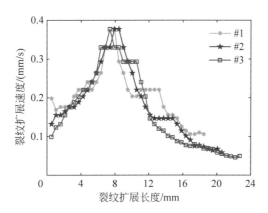

图 4.13　裂纹扩展速度-裂纹扩展长度的关系

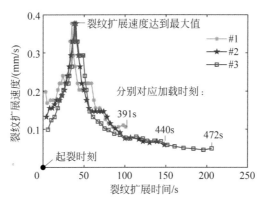

图 4.14　裂纹扩展速度-裂纹扩展时间的关系

4.3　动态加载下核石墨断裂韧性测试

4.3.1　带预制裂纹三点弯落锤实验

为测量 IG11 型核石墨材料的动态断裂韧性,本节进行了带预制裂纹的核石墨三点弯落锤实验,核石墨试件的尺寸参数设计同 4.2.1 节核石墨三点弯准静态实验。实验设计选取 1、3、5、7、9m/s 五个不同中低冲击速度,每种冲击速度进行 3 个重复实验,共计 15 个实验,表 4.3 所示为各试件的实际加工尺寸。

表 4.3　带预制裂纹核石墨三点弯落锤实验试件尺寸　　　　　　　　　mm

试　　件	L	W	B	a_0
♯1	220.04	50.05	25.02	22.43
♯2	220.26	50.06	25.00	22.48
♯3	220.06	50.04	25.03	22.70
♯4	220.00	50.04	25.03	22.37
♯5	220.12	50.08	24.99	22.41
♯6	220.00	49.98	25.01	22.53
♯7	220.03	50.01	25.09	22.48
♯8	219.91	50.01	25.09	22.40
♯9	219.97	49.99	24.99	22.41
♯10	220.05	50.02	25.00	22.56
♯11	219.92	50.10	25.01	22.42
♯12	220.06	50.02	25.03	22.39
♯13	219.98	50.01	25.05	22.40
♯14	220.04	50.08	25.07	22.59
♯15	220.00	50.03	25.04	22.54

实验装置如图 4.15 所示,用 DIT123E 型仪器化落锤冲击试验机进行加载(采样频率为 500Hz)。实验开始前先用酒精对试件表面进行清洗并风干,在试件的一个表面用喷漆制作人工散斑用于 DIC 测量。调整好实验装置后,根据实验设计的冲击速度估算所需能量,并把该能量值输入试验机控制系统进行冲击实验。实验现场布置三个高亮度且连续发光的 LED 灯,其中,灯 1 与灯 2 布置在试件前面对试件散斑区域打高光,灯 3 布置在试件背面,用于识别裂缝和冲击压头(图 4.16(a)),以便准确确定预制裂纹尖端及压头与试件相接触的时刻。实验过程中用 Photron FastCam SA5 型高速相机触发模式按 100 000fps 的帧率采集试件的散斑图像,数据采集总时长为 1.86s。图像观测区域主要分为压头位置观测区、裂纹扩展观测区及预制裂纹观测区(图 4.16(a)),获得图像的像素为 192pixels×320pixels,其中,320pixels 对应的实际尺寸为 40mm,即物面分辨率为 125μm/pixels。

为保证计算结果的准确性,需要准确确定压头与试件相接触的时刻。接触时刻可以通过压头与试件相接触区域(图 4.16(a)中的蓝色区域)的竖直方向位移场进行判断。以试件♯15 为例,预制裂纹尖端及接触位置处的像素坐标如图 4.16(a)所示,通过对比第 17～19 张散斑图像的竖直方向位移场(图 4.16(b)～(d))可知,第 17 张散斑图对应时刻

图 4.15 核石墨落锤实验现场布置

试件没有应力集中,从第18张散斑图对应时刻开始出现轻微的应力集中,第19张散斑图对应时刻试件出现明显的应力集中,说明第18张散斑图为压头和试件接触后的第一张散斑图。

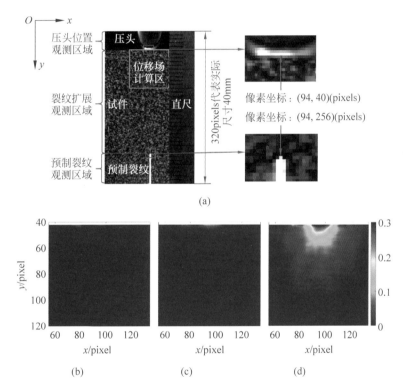

图 4.16 采集图像细节和压头与试件接触区域的竖直方向位移场(位移单位: pixel)
(a) 采集图像细节及关键位置处的像素坐标;(b) 第17张散斑图像的位移场;
(c) 第18张散斑图像的位移场;(d) 第19张散斑图像的位移场

15个实验的载荷-加载时间曲线如图4.17所示,由于冲击系统内应力波的影响,载荷达到极值后呈振荡式下降趋势。表4.4列出了不同冲击速度下各试件的实验结果,其中,F_{max}为冲击过程中试件获得的最大载荷,即图4.17中各曲线的峰值;T_1是载荷达到最大值时的时间;S_1是载荷达到最大值时试件加载位置的竖向位移;E_1是在T_1时间内对试件施加的累计冲击能。载荷F_{max}与位移S_1随冲击速度的变化曲线如图4.18所示,可知,当冲击速度在1~9m/s时,载荷F_{max}和位移S_1与冲击速度呈近似线性关系。

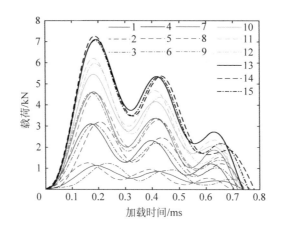

图 4.17 核石墨落锤实验的载荷-加载时间曲线

表 4.4 核石墨落锤实验结果

试 件	冲击速度/(m/s)	预设能量/J	F_{max}/kN	S_1/mm	T_1/ms	E_1/J
♯1	0.97	4.00	1.14	0.19	0.192	0.10
♯2	0.98	4.00	1.26	0.16	0.156	0.10
♯3	0.95	4.00	1.24	0.22	0.228	0.11
♯4	3.07	31.00	3.11	0.53	0.168	0.79
♯5	3.03	31.00	3.20	0.62	0.204	0.80
♯6	2.97	31.00	3.10	0.54	0.180	0.76
♯7	4.91	88.00	4.62	0.89	0.180	1.93
♯8	4.72	88.00	4.56	0.88	0.188	1.79
♯9	4.62	88.00	4.58	0.80	0.174	1.75
♯10	6.90	226.00	5.45	1.25	0.178	3.23
♯11	7.01	226.00	6.20	1.26	0.178	3.60
♯12	6.45	226.00	5.97	1.21	0.184	3.31
♯13	8.64	370.00	7.11	1.65	0.190	5.45
♯14	8.42	370.00	7.26	1.58	0.184	5.29
♯15	8.41	370.00	7.06	1.59	0.188	5.14

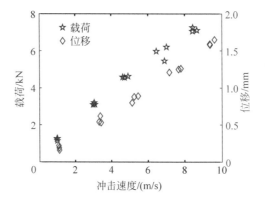

图 4.18 载荷 F_{max} 与位移 S_1 随冲击速度的变化曲线

实验结果表明,各试件的裂纹均沿预制裂纹方向向锤头与试件接触位置扩展,图4.19所示为不同冲击速度下典型的试件断裂图。当冲击速度较小时试件在与锤头接触的位置无明显的缺口,随着冲击速度的增大,试件在与锤头接触的位置逐渐出现小范围的缺口,并且冲击速度越大缺口越大。

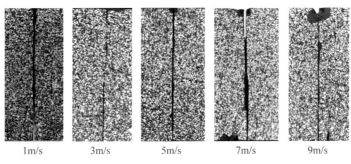

| 1m/s | 3m/s | 5m/s | 7m/s | 9m/s |

图4.19 核石墨落锤实验试件破坏图

4.3.2 动态加载下核石墨材料断裂韧性

根据4.1节所述虚拟引伸计方法,沿目标散斑图像上的潜在断裂路径设置49个等间距虚拟引伸计,用于计算虚拟引伸计位置处的COD,从而准确确定裂纹尖端位置和裂纹扩展长度。表4.5给出了核石墨材料在峰值载荷下的裂纹扩展长度(Δa)和总裂纹长度(a),以及根据式(4-1)计算得到的核石墨材料动态断裂韧性K_{IC}。从动态断裂韧性与冲击速度的关系(图4.20)可以看出,在本文研究的范围内,随着冲击速度的增加,核石墨材料的断裂韧性由2.51MPa·m$^{1/2}$逐渐增大到31.33MPa·m$^{1/2}$。与4.2.2节测得准静态加载下的断裂韧性(1.12MPa·m$^{1/2}$)相比,中低速冲击下核石墨材料的断裂韧性明显增大。

表4.5 核石墨落锤实验试件裂纹长度和断裂韧性

试 件	Δa/mm	a/mm	K_{IC}/(MPa·m$^{1/2}$)
♯1	4.50	26.93	2.51
♯2	3.00	25.48	2.53
♯3	4.00	26.70	2.69
♯4	7.00	29.37	8.12
♯5	5.40	27.81	7.47
♯6	6.50	29.03	7.93
♯7	8.50	30.98	13.63
♯8	8.50	30.90	13.37
♯9	7.80	30.21	12.80
♯10	10.80	33.36	19.72
♯11	10.50	32.92	21.41
♯12	10.75	33.14	21.16
♯13	13.00	35.40	31.33
♯14	12.50	35.09	30.75
♯15	12.30	34.84	29.34

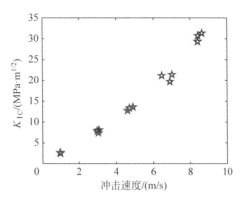

图 4.20　核石墨动态断裂韧性 K_{IC} 与冲击速度的关系

　　值得一提的是,大多数韧性材料的断裂韧性随着冲击速度的增加而降低(Li,1999)。然而,一些材料,如某些合金(Yokoyama,1993)、岩石(Man and Zhou,2010;Zhang and Zhao,2013b;Chen et al.,2009)和核石墨(Takahashi et al.,1993)等则表现出相反的趋势,其断裂韧性随冲击速度增加而增加的确切原因目前仍不清楚。脆性材料动态断裂韧性的冲击速度依赖性可能有两方面的原因:一方面是随着冲击速度的增加,裂纹尖端附近的材料发生脆韧转化,塑性变形区吸收了更多的能量,从而提高了材料的动态断裂韧性(Man and Zhou,2010);另一方面是随着冲击速度的增加,材料的微断裂方式逐渐由沿晶断裂转变为穿晶断裂,从而克服裂纹扩展阻力需要消耗更多的能量(Zhang and Zhao,2013b)。IG11 型核石墨是一种准脆性材料,其微观结构复杂,由石油焦细颗粒和煤基沥青黏结剂混合而成。我们推测,其动态断裂韧度与冲击速度的关系可能与上述两种因素有关,其确切原因还需后期更深入的研究。

4.3.3　动态加载下核石墨材料裂纹扩展

　　通过由虚拟引伸计确定的裂纹扩展过程中的动态裂尖位置,可以得到不同冲击速度下裂纹扩展长度随裂纹扩展时间的变化关系。从图 4.21 可以看出,冲击速度为 1～9m/s 时,裂纹从起裂到贯穿试件的总时长小于 0.25s;冲击速度为 3～9m/s 时,裂纹扩展长度-裂纹扩展时间曲线吻合度较高,并且裂纹扩展长度呈现出先快后慢的增长趋势。根据上述数据可以计算出裂纹的扩展速度,从裂纹扩展速度与扩展长度的关系(图 4.22)可以看出,当冲击速度较低(约 1m/s)时,裂纹扩展速度较低;当裂纹长度小于 5mm 时,裂纹扩展速度从 230m/s 左右逐渐降低至 110m/s 左右;当裂纹扩展长度大于 5mm 时,裂纹扩展速度趋于稳定。当冲击速度增大到 3～9m/s 时,各试件裂纹扩展速度曲线比较接近,初始扩展速度基本位于 300～400m/s 之间,并且当扩展长度小于 10mm 时,裂纹扩展速度较为恒定;随着裂纹扩展长度的继续增大(10～16mm),裂纹扩展速度迅速下降,之后呈缓慢降低趋势;当裂纹贯穿试件时,扩展速度降低至 40～75m/s。

　　实验中获取的散斑图可用于分析试件表面的位移场及应变场,通过对位移场及应变进行分析可以估计试件在冲击破坏过程中的裂纹形态。以冲击速度为 3.07m/s 的试件♯4 为例,在距离裂纹尖端不同位置处沿水平方向选取四个横断面(图 4.23(a)),绘制出横断面上各点的水平方向位移(u),如图 4.23(b)所示。从图中可以看出,水平方向位移在裂纹两侧

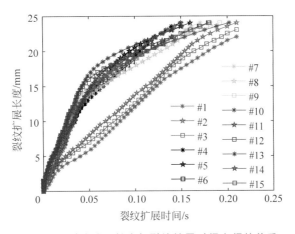

图 4.21 裂纹扩展长度与裂纹扩展时间之间的关系

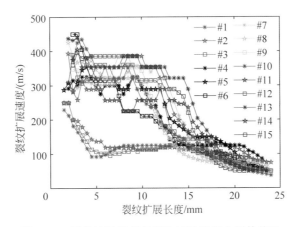

图 4.22 裂纹扩展速度与裂纹扩展长度之间的关系

呈反对称分布,在两侧距裂纹较远处,位移几乎保持不变;在靠近裂纹附近处,位移会产生突变,并且距离预制裂纹中轴线越近,位移的绝对值越小。同理,绘制出横断面上各点处的第一主应变(ε_1)(图 4.23(c)),与水平方向位移场相似,第一主应变在靠近裂纹附近处亦会发生突变。通过放大突变位置可知,发生突变处的应变约为 0.0025,从突变点向内靠近预制裂纹中轴线区域内材料的应变值迅速增大。通常核石墨材料的破坏拉伸应变约为 0.003(参考 2.2.3 节),两应变在数值上非常接近。因此,可以认为应变突变点为试件发生破坏的边界点,由此可知裂纹形态(图 4.23(c))。得到的裂纹形态轮廓线恰好包裹着整个应变集中区域,且与裂尖位置十分接近,说明可以用这种简单的方法确定裂纹的破坏范围。

根据水平方向的位移场可以得到不同载荷水平下试件表面沿裂纹方向的裂纹张开位移(COD)(图 4.24)。以试件♯4 为例,预制裂纹尖端起裂时的载荷约为 1.84kN,是峰值载荷的 59%(对应图 4.24 中 F_1),此时的 COD 约为 19μm。将坐标轴原点设置在预制裂纹尖端,绘制出图 4.24 中 F_2(载荷为峰值前 84%,2.62kN)、F_4(载荷为峰值后 96%,2.98kN)和 F_6(载荷为峰值后 72%,2.23kN)对应的第一主应变场(ε_1 场)、水平方向位移场(u 场)和垂直方向位移场(v 场),分别如图 4.25(a)~(c)所示。从第一主应变场可以观察到明显的

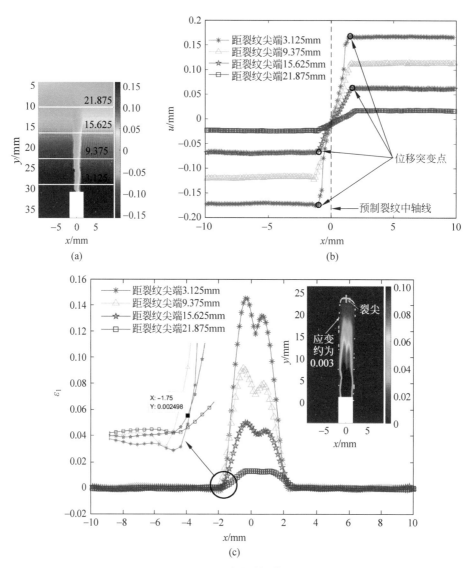

图 4.23　裂纹破坏范围

（a）试件表面的水平方向位移及第一主应变的截取位置；（b）根据位移场判断裂纹破坏范围；
（c）根据应变场判断裂纹破坏范围

应变集中现象，随着冲击时间的增加，裂纹沿加载方向向上扩展。由图 4.25（a）可知，随着载荷从峰值前 F_2 变化至峰值后 F_4 和 F_6，裂尖位置约从 5mm 逐渐向上扩展至 15mm 和 23mm 处，根据表 4.3 可知试件 ♯4 的裂纹可扩展长度约为 27.67mm，说明在载荷降到 F_6 位置时，裂纹已经接近贯穿试件。u 场和 v 场的位移等值线沿加载线（对称轴）呈轴对称分布。根据 u 场的位移等值线可以定位出中性轴，由图 4.25（b）可知，随着载荷从峰值前 F_2 变化至峰值后 F_4 和 F_6，中性轴位置约从 16mm 处逐渐向上平移至 19mm 和 25mm 处。根据 u 场的位移等值线绘制出交汇点，用虚拟引伸计法计算核石墨材料的裂纹尖端，从图 4.25（b）可以看出，裂纹尖端与位移等值线交汇点非常接近。

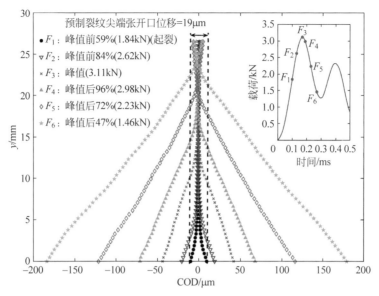

图 4.24 试件♯4 在不同载荷下沿裂纹的总张开位移

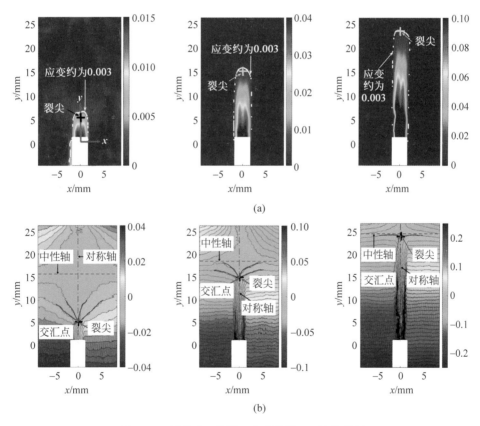

(a)

(b)

图 4.25 试件♯4 的第一主应变场(ε_1)和位移场

(a) 不同时刻的 ε_1 场；(b) 不同时刻的 u 场；(c) 不同时刻的 v 场

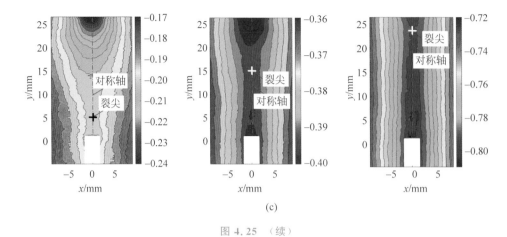

(c)

图 4. 25 （续）

第5章

核石墨接触结构失效破坏过程
实验与模拟分析

高温气冷堆中的核石墨构件之间存在着大量的接触结构,如用作连接件的石墨榫和石墨砖之间的线接触、球床内的石墨球之间以及石墨球和球床壁之间的点接触。核石墨点/线接触结构的接触区具有明显的应力集中效应,是接触结构失效的危险点,因此对这些接触区进行失效及强度分析是反应堆结构安全评估的重点。根据前文的分析可知,核石墨是一种内含大量微缺陷的准脆性复合材料,在承载过程中,其缺陷随机性和缺陷敏感性导致材料内部极易产生损伤并且损伤会随载荷的变化而发生演化,致使其宏观力学行为呈现出明显的非线性。而接触结构的局部应力集中效应会进一步加剧材料内部损伤的发生和影响,当损伤累积到一定程度就会引起宏观裂纹的形成和扩展,最终导致接触结构失效。考虑到核石墨材料的特殊性和其接触结构的复杂性,为充分理解核石墨点/线接触结构的损伤破坏过程及失效机理,一种行之有效的方法是在实验研究的基础上建立包含核石墨材料损伤演化规律的点/线接触结构数值仿真模型,分析其整个失效破坏过程。

5.1 线接触结构失效破坏过程实验与模拟分析

5.1.1 基于弹性接触理论的线接触结构屈服准则

典型线接触结构的模型如图 5.1(a)所示,圆柱型接触体 1 在均匀分布的载荷 P 作用下与接触体 2 发生接触,随着载荷增大,线接触结构的接触区域从近似的一条线逐渐扩展成矩形区域(图 5.1(b)),接触长度 L 即为石墨柱的长度,接触宽度为 $2b$。

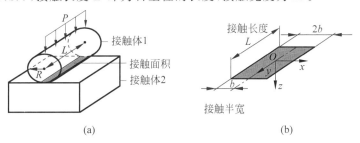

(a)   (b)

图 5.1 线接触结构模型示意图

(a)线接触模型;(b)线接触面积示意图

根据赫兹线弹性接触理论,线接触结构在总载荷 P 的作用下接触面上的压应力 σ 呈椭圆形分布,如图 5.2 所示,接触压应力在接触面的边缘($x = \pm b$ 处)降为零,在接触面的中心($x = 0$)存在最大压应力值 $\sigma_{\max}$,其分布形式为

$$\sigma(x) = \frac{2P}{\pi Lb}\sqrt{1 - \left(\frac{x}{b}\right)^2} \tag{5-1}$$

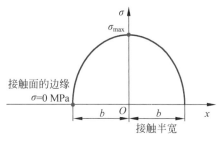

图 5.2 接触面上的压应力分布示意图

在该椭圆形分布压应力作用下,圆柱接触体在 Oxz 平面内(坐标系参考图 5.1(b))加载方向直径上的应力分布状态为

$$\begin{cases} \sigma_x = -\sigma_{\max}\left[\dfrac{1 + 2\left(\dfrac{z}{b}\right)^2}{\sqrt{1 + \left(\dfrac{z}{b}\right)^2}} - 2\dfrac{z}{b}\right] \\[4mm] \sigma_y = -2\nu\sigma_{\max}\left[\sqrt{1 + \left(\dfrac{z}{b}\right)^2} - \dfrac{z}{b}\right] \\[4mm] \sigma_z = -\sigma_{\max}\dfrac{1}{\sqrt{1 + \left(\dfrac{z}{b}\right)^2}} \end{cases} \tag{5-2}$$

式中,ν 为接触体材料的泊松比,作用在接触面上的最大接触应力 $\sigma_{\max}$ 为

$$\sigma_{\max} = \frac{2P}{\pi Lb} \tag{5-3}$$

线接触结构接触区域的接触半宽 b 为

$$b = \sqrt{\frac{4PR^*}{\pi LE^*}} \tag{5-4}$$

其中 R^* 为线接触结构的等效半径,其表达式如下:

$$R^* = 1 \Big/ \left(\frac{1}{R_1} + \frac{1}{R_2}\right) \tag{5-5}$$

E^* 为线接触结构的等效弹性模量,其表达式如下:

$$E^* = 1 \Big/ \left(\frac{1 - \nu_1^2}{E_1} + \frac{1 - \nu_2^2}{E_2}\right) \tag{5-6}$$

式(5-5)和式(5-6)中,R_1、R_2 分别表示接触体 1 和接触体 2 的曲率半径,ν_1、ν_2 分别表示接触体 1 和接触体 2 材料的泊松比,E_1、E_1 分别表示接触体 1 和接触体 2 材料的杨氏模量。当如图 5.1 所示的两个接触体材料相同时,$R_1 \to \infty$、$R_2 = R$、$\nu_1 = \nu_2 = \nu$、$E_1 = E_2 = E$。因

此,最大接触应力 $\sigma_{\max}$ 可表示为

$$\sigma_{\max} = \sqrt{\frac{PE}{2\pi LR(1-\nu^2)}} \tag{5-7}$$

由式(5-2)可知线接触应力分量 σ_x、σ_y 和 σ_z 均为 $\sigma_{\max}$ 及 z/b 的函数,且与 y 无关。正则化后的接触应力分布如图 5.3 所示(图 5.3 中取 $\nu = 0.14$),可知当 $z = 0$ 时,即在接触表面上,σ_x、σ_y 和 σ_z 存在最大压应力。由于在线接触结构中 Oyz 平面为对称面,该平面内的剪应力为零,所以,σ_x、σ_y 和 σ_z 即为三个方向的主应力。

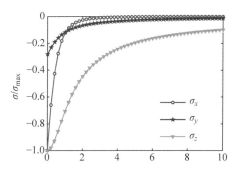

图 5.3　圆柱接触体在 Oxz 平面内加载方向直径上的应力分布

综上所述,对于线接触结构,接触物体表面及其内部均处于三向应力状态,接触表面的主应力大于内部各点的主应力,并且随着距离接触表面深度的增加而逐渐减小,即 $z = 0$ 处存在最大压应力。

接触面积作为一种特征尺度可用来评价接触结构的接触强度(Johnson,1985),为此,需要首先获得核石墨接触结构在各载荷条件下的接触面积。核石墨线接触结构(图 5.1(a))的接触长度 L 即为石墨柱的长度,问题的关键点在于获得接触结构的接触半宽 b。根据式(5-4)~式(5-6),线接触结构的接触半宽 b 可表示为

$$b = \sqrt{\frac{2PR(1-\nu^2)}{\pi LE}} \tag{5-8}$$

上式可另写为

$$\frac{P}{2bL} = \frac{\pi E}{16(1-\nu^2)} \cdot \frac{b}{R} \tag{5-9}$$

若将线接触结构视为一个整体,在式(5-9)中,$P/(2bL)$ 即为线接触结构接触面上的平均接触应力(σ_{ave}),b/R 为无量纲量,当线接触结构处于线弹性状态时,$\pi E/(16(1-\nu^2))$ 为常量。因此,式(5-9)可视为线接触结构在线弹性状态下的等效应力-等效应变关系,即 $P/(2bL)$ 可看作等效应力,b/R 可看作等效应变,$\pi E/(16(1-\nu^2))$ 可看作等效模量。与材料的应力-应变关系类似,若 σ_{ave} 与 b/R 偏离线性关系,则认为线接触结构发生了特征尺度的屈服,此时的 σ_{ave} 可认为是线接触结构的特征接触强度或接触屈服强度。

5.1.2　核石墨线接触结构失效破坏过程实验研究

1. 线接触结构的接触半宽测量方法

由于核石墨材料为非透明材料,无法直接观测加载过程中其接触半宽的变化,可以考虑

用基于 DIC 的边界识别方法或压力纸测试方法测量线接触结构的接触半宽,本节将对这两种接触半宽测量方法进行对比。由于这两个测量方案存在操作上的冲突性,无法同时完成,因而分别采用相同尺寸的不同核石墨线接触试件进行实验研究。实验所采用的核石墨线接触结构从上到下依次为石墨砖、石墨柱及石墨柱夹具,其尺寸如图 5.4 所示。其中石墨砖的尺寸为 100mm×100mm×60mm,石墨柱的尺寸为 ϕ60mm×60mm,石墨柱夹具的尺寸为 100mm×100mm×60mm,夹具顶端设置直径为 65mm 的圆柱形曲面凹槽,以防止石墨柱在实验过程中发生滚动。石墨砖、石墨柱、石墨柱夹具及其组成的核石墨线接触结构的实物如图 5.5 所示。

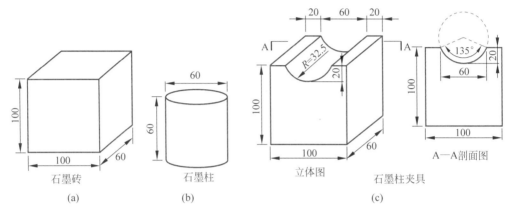

图 5.4　核石墨线接触结构的部件尺寸(单位:mm)

(a) 石墨砖尺寸; (b) 石墨柱尺寸; (c) 石墨柱夹具尺寸

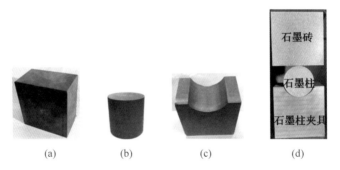

图 5.5　核石墨线接触结构实物

(a) 石墨砖; (b) 石墨柱; (c) 石墨柱夹具; (d) 核石墨线接触结构

基于 DIC 的边界识别方法(以下简称边界识别法)测量核石墨线接触结构接触半宽的实验布置如图 5.6(a)所示,实验采用的加载试验机为长春科新 WDW-100 型试验机,上端压头为固定端,下端压头以 0.05mm/min 的加载速度匀速上升,其采样频率为 15Hz;同时在核石墨线接触结构的两侧分别布置 2 个高亮度且连续发光的 LED 灯,采用 IMPERX IPX-16M3-L 型高分辨率相机(4872pixels×3248pixels)以 1fps 的帧率采集石墨柱与石墨砖相接触的区域,相机采集到的图像如图 5.6(b)所示,最终测得采集图像的物面分辨率为 7μm/pixel。

图 5.7(a)为核石墨线接触结构的典型载荷-时间曲线,不同加载时刻采集到的接触端面

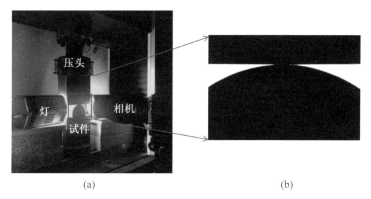

图 5.6　核石墨线接触实验布置及图像采集

（a）实验布置；（b）接触半宽采集图像

图像如图 5.7(b)所示，其中 3786s 为加载至结构破坏采集到的最后一张图像。对采集到的图像进行边界识别，边界识别效果如图 5.8 所示。

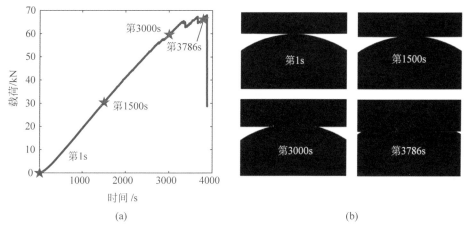

图 5.7　核石墨线接触结构的载荷-时间曲线与不同加载时刻采集到的图像

（a）载荷-位移曲线；（b）不同加载时刻采集到的接触端面图像

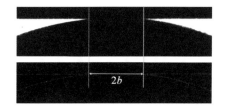

图 5.8　核石墨线接触结构的边界识别结果

利用压力纸法测量接触半宽的实验布置如图 5.9 所示，压力纸法测量接触半宽实验中的试件尺寸及其他实验条件与上述基于 DIC 的边界识别法相同，压力纸选用规格为 LLLW 的富士压力纸，通过压力纸测量与试验机加卸载相结合的方式实现不同载荷下的接触面积测量。实验时将石墨砖固定于试验机上端压头，将带有曲面凹槽的石墨柱夹具放置在试验机下端压头，把石墨柱放置于石墨柱夹具的凹槽内，以保证石墨柱在整个加卸载过程中位置保持不变。测量流程如图 5.10 所示,首次施加载荷之前,先将新的压力纸放置在石墨柱与石墨砖之间的接触区域,加载至预定载荷后进行卸载,将压力纸取出并测量接触半宽,然后再放置新的压力纸进行下一次加载,如此往复操作,直至核石墨线接触结构发生整体失效破坏。不同载荷条件下,压力纸测得的核石墨线接触结构接触面积如图 5.11(a)所示,石墨柱与石墨砖之间的接触面积呈现出比较规则的长方形,并且随着载荷的增大而增大。但是,从接触面积的局部放大图中可以明显地观测到显色纸上有溢色现象(图 5.11(b))。

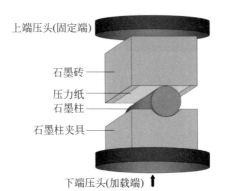

图 5.9　核石墨线接触结构接触面积测量示意图

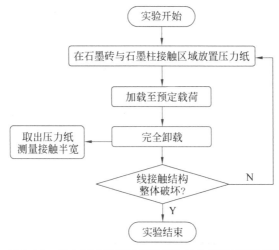

图 5.10　压力纸法测核石墨线接触结构接触面积流程

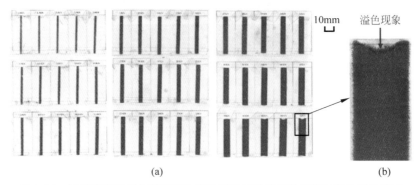

图 5.11　不同载荷下压力纸测得的核石墨线接触结构的接触面积及溢色现象
(a)接触面积变化过程;(b)局部放大图中观测到的溢色现象

利用上述边界识别法与压力纸法两种方法测量出核石墨线接触结构的接触半宽,可得到接触半宽-载荷关系曲线,根据式(5-8)可得到基于赫兹理论的接触半宽-载荷曲线,从图 5.12 中可以看出,当载荷较小(<9.8kN)时,基于边界识别法测得的接触半宽-载荷曲线与赫兹理论的计算结果高度吻合,说明核石墨线接触结构处于线弹性阶段;随着载荷的增大,边界识别法测得的接触半宽逐渐大于赫兹理论值,并且载荷越大二者的差值越大,说明此时核石墨线接触结构处于非线性阶段。通过对比边界识别法与压力纸法的测量结果可知,压力纸法测得的接触半宽略大于边界识别法的结果,这是因为有颗粒的压力纸中的液体溢出导致压力纸在接触面积之外的位置显色,进而影响了接触半宽的测量精度。本研究将选用基于 DIC 的边界识别法测量线接触结构的接触半宽。

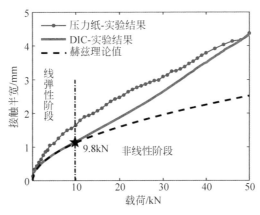

图 5.12　两种方法测得的核石墨线接触结构接触半宽-载荷曲线与赫兹理论解比较

此外,在上述分析中发现,当载荷较大时,边界识别法和压力纸法测得的接触半宽均大于赫兹理论值,并且其差值与载荷呈正比关系,这是由于赫兹理论的基本假设是基于材料线弹性变形的,而实际实验中核石墨材料会发生损伤且损伤程度会随着载荷的增大而逐渐加剧,进而影响接触结构的接触半宽。通过长方柱试件(试件尺寸为 50mm×50mm×100mm)沿长度方向单轴压缩加卸载实验得到的应力-应变曲线可以明显观测到卸载曲线斜率的改变(图 5.13)(实验采用 SANS10t 型试验机以 0.06mm/min 的加载速率先加载至第一个预定值再卸载,然后加载至下一个更大的预定值再卸载,如此进行 5 次循环)。这表明当核石墨线接触结构进入非线性阶段后,根据赫兹线弹性理论计算出的接触半宽不再适用于评价核石墨线接触结构的接触强度。

2. 线接触结构的实验结果及屈服行为分析

根据前文介绍的基于 DIC 的边界识别方法对三个相同的核石墨线接触结构进行实验,试件尺寸及实验系统同前文,实验测得的核石墨线接触结构的载荷-位移曲线如图 5.14(a)所示。当载荷较小时,载荷-位移曲线接近线性,加载后期载荷-位移曲线呈现出多次明显的下降现象,并且在达到最大载荷后断崖式下降,这说明核石墨线接触结构最终发生脆性破坏。核石墨线接触结构的这一特性明显区别于塑性材料,以 PC 材料为例(实验条件同核石墨线接触结构,加载速度为 0.2mm/min),如图 5.14(b)所示,PC 材料的载荷-位移曲线非常平滑,没有明显的下降现象,随着载荷的增大试件会持续变形,在试件内部逐渐形成 X 型鼓包,但未出现宏观裂纹。

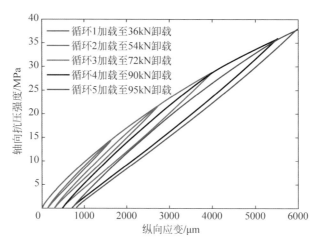

图 5.13　核石墨方柱单轴压缩加卸载实验轴向应力-应变曲线

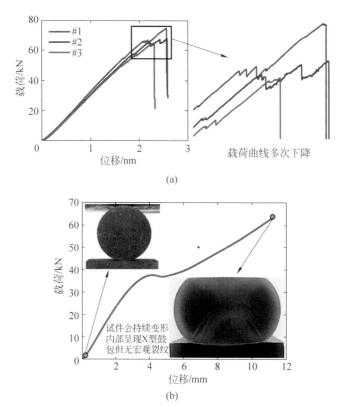

图 5.14　线接触结构的载荷-位移曲线

（a）核石墨线接触结构的载荷-位移曲线；（b）PC 材料线接触结构的载荷-位移曲线及试件变形图

　　将实验测得的等效应力（σ_{ave}）-等效应变（b/R）曲线与赫兹理论（式(5-9)）的计算结果绘制于图 5.15 中,根据曲线特性可以将等效应力-等效应变曲线分为Ⅰ～Ⅳ四个阶段：线弹性阶段Ⅰ,b/R 从 0 逐渐增大至 0.038,σ_{ave} 从 0 增大至 71.4kN,实验测得的等效应力-等效应变曲线与赫兹理论的结果非常吻合,说明该阶段内核石墨线接触结构处于线弹性阶段。非线性阶段Ⅱ,b/R 从 0.038 逐渐增大至 0.085,实验测得的 σ_{ave} 增长速率变缓,该阶段的实验结果逐渐偏离赫兹理论的结果(赫兹理论等效应力-等效应变曲线始终为线性),核石墨线接触结构进入非线性阶段。非线性阶段Ⅲ,b/R从0.085逐渐增大至0.157,该阶段的σ_{ave}几乎保持不变。非线性阶段Ⅳ,随着接触结构的b/R迅速增大,σ_{ave}缓慢降低,直至发生整体失效破坏。

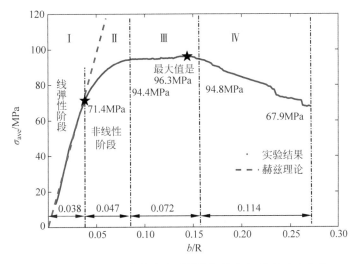

图5.15　核石墨线接触实验测得的等效应力-等效应变曲线

图5.16所示为三个核石墨线接触结构的破坏图。通过实验发现,在加载后期,石墨柱在与石墨砖的接触区域逐渐出现碎裂和局部剥落,部分石墨柱存在多次剥落的现象,有的石墨砖也会在接触区域出现剥落。剥落块体沿接触长度方向剥落一定的深度,其形状大致呈圆弧锥形,未发生剥落的石墨砖也会出现一圈圈向接触区域内扩展的弧形压痕。最终,石墨柱发生劈裂(张拉)破坏,其中,主裂纹沿加载轴方向贯穿石墨柱的中心部位,在接触区域边界附近,通常石墨柱还会伴生次裂纹,根据裂纹扩展程度石墨柱断裂成2~4瓣。

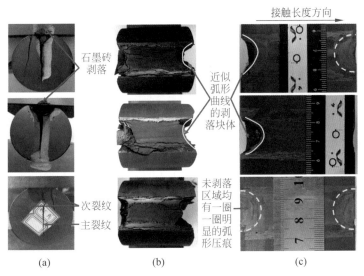

图5.16　核石墨线接触结构的破坏图

(a)正视图;(b)石墨柱俯视图;(c)石墨砖仰视图

综上所述,核石墨线接触结构的非线性转变点为 71.4MPa,即可认为其接触屈服强度为 71.4MPa。线接触结构的破坏分为两个阶段:由接触区剥落导致的局部破坏和石墨柱劈裂导致的结构整体失稳破坏。

5.1.3 核石墨线接触结构损伤破坏过程模拟研究

为了更深入地认识核石墨线接触结构的损伤破坏过程及破坏机理,本研究将利用大型有限元商业软件 ABAQUS 建立核石墨线接触结构的仿真模型,通过引入第 2 章获得的材料参数、损伤本构关系及强度准则来模拟核石墨线接触结构的损伤及破坏过程,进而预测核石墨线接触结构的接触强度,并与实验结果进行比较。

1. 线接触结构的损伤破坏仿真模型

为了减小计算量,本研究将核石墨线接触结构简化为一个平面应变问题,利用有限元软件 ABAQUS/Standard 建立与实际试件尺寸大小相同的二维有限元模型。其中,石墨柱的直径为 $\phi60$mm,石墨砖的二维平面尺寸为 100mm×100mm,石墨柱夹具的尺寸为 100mm×100mm,夹具中间设置直径为 65mm 的圆柱形曲面凹槽。核石墨材料的初始杨氏模量为 9.8GPa,泊松比为 0.14。考虑到接触结构的几何尺寸及加载条件的对称性,此处仅建立了结构的二分之一模型。模型的网格划分、边界条件以及加载方式如图 5.17 所示。模型采用 CPE4R 单元,顶部的石墨砖与底部的石墨柱夹具单元边长约为 0.8mm,中间的石墨柱单元边长约为 0.5mm。在模型下边界施加 y 方向约束,在模型左侧的对称面上施加 x 方向的对称约束,并在上边界施加竖直向下的位移以实现对结构的加载。模型各构件之间的法向接触定义为硬接触,接触面间的摩擦忽略不计。

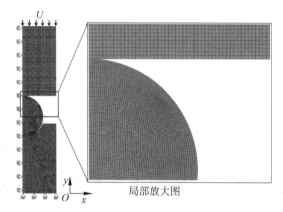

图 5.17 核石墨线接触结构的有限元模型

前已述及,在加载过程中核石墨内部广泛存在的微缺陷会导致损伤,而损伤的演化会使得核石墨材料的力学性能下降,因此,对于线接触结构的模拟需要考虑核石墨材料的损伤。2.3 节通过对核石墨围压实验的结果进行分析,得到了三向应力状态下核石墨材料的损伤演化规律,其损伤本构关系(式(2-15))可通过 ABAQUS 的用户子程序 UMAT 写入模型中。在计算过程中,主程序在每一个单元积分点上调用 UMAT 子程序,输入当前应变、应变增量等信息并求解应力等相关变量,本文子程序先根据单元应变状态计算出材料损伤后的折减模量,再将该折减模量及应变分量代入本构方程中计算应力分量,最后将更新后的应力传回主程序,以完成当前增量步应力应变的更新,计算流程如图 5.18 所示。

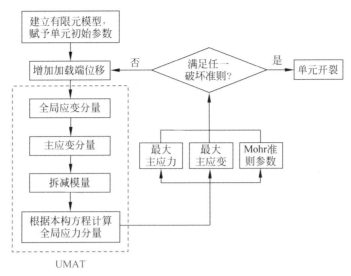

图 5.18　ABAQUS 中单元损伤及断裂计算流程图

此外,仿真模型中还采用扩展有限元法(extended finite element method,XFEM)实现裂纹的产生和扩展,其断裂韧性参数取 $1.12\mathrm{MPa}\cdot\mathrm{m}^{1/2}$(表 4.2)。在使用扩展有限元法时,需要提前指定裂纹启裂的判断准则,包括裂纹产生需要满足的条件和裂纹扩展的方向。然而,由于线接触结构中核石墨柱各单元处于复杂应力状态,并不能提前判定到底是哪一种准则主导了核石墨柱的破坏。因此,在用户自定义破坏起始子程序(user-defined damage initiation criterion,UDMGINI)中同时引入了三种破坏准则:①抛物线型 Mohr 强度准则;②最大拉应变准则;③最大拉应力准则。其中,抛物线型 Mohr 强度准则由 2.3.2 节中的核石墨围压实验得到,其强度准则参考公式(2-21),最大拉应变准则和最大拉应力准则由本文 2.2.3 节的核石墨圆环对径压缩实验获得,最大拉应变取 $2963\mu\varepsilon$,最大拉应力取 27.6MPa。在仿真计算过程中,主程序在每一个单元积分点上调用 UDMGINI 子程序进行判断,若该处的应力(应变)状态满足了三个破坏准则中的任意一个,则该单元按照此准则规定的裂纹扩展方向产生裂纹。随着载荷的增加,裂纹不断扩展,直至加载完成或者接触结构整体破坏失稳。

2. 线接触结构的模拟结果及损伤破坏过程分析

本章除了利用扩展有限元法建立了考虑损伤的核石墨线接触仿真模型(以下简称损伤模型)外,为了研究损伤对线接触结构力学行为的影响,还建立了核石墨线接触结构的线弹性模型。图 5.19 为线弹性模型、损伤模型和实验获得的核石墨线接触结构载荷-位移曲线,通过对比可以发现,由于忽略了损伤对核石墨材料力学性能的影响,线弹性模型的载荷-位移曲线斜率明显高于实验结果,而损伤模型载荷-位移曲线和实验结果非常接近,损伤模型预测的破坏载荷和实验获得的破坏载荷分别为 75.9kN 和 74.6kN,二者相差非常小。同一载荷下,损伤模型和实验的加载位移略有差别,这可能是由于试验机各部件之间存在一定的间隙,在加载过程中会被压实从而增大了实验中的位移值。

图 5.20 所示为线弹性模型、损伤模型、赫兹理论及实验获得的核石墨线接触结构接触

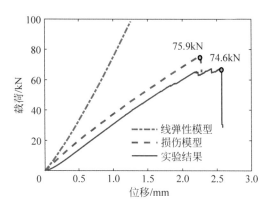

图5.19 线弹性模型、损伤模型与实验结果的载荷-位移曲线对比

半宽-载荷曲线。对比发现,线弹性模型的结果与赫兹理论的计算值高度吻合,而损伤模型的结果与实验结果比较接近,这进一步证明了损伤对核石墨线接触结构力学行为的影响。图5.21为由损伤模型获得的等效应力(σ_{ave})-等效应变(b/R)曲线,对其线性阶段进行拟合可以得到该曲线的非线性转变点约为67.4MPa,即根据石墨线接触结构损伤模型获得的特征屈服强度为67.4MPa,与实验结果(图5.15,71.4MPa)比较接近。这说明相较于线弹性模型,损伤模型更适用于核石墨线接触结构的接触强度评价。

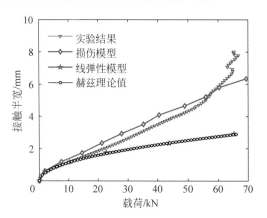

图5.20 核石墨线接触结构线弹性模型、损伤模型与实测接触半宽-载荷曲线对比

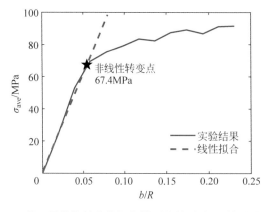

图5.21 核石墨线接触结构损伤模型的等效应力-等效应变曲线

通过上述核石墨线接触结构的损伤仿真模型可以得到石墨柱的破坏过程(图 5.22)。当载荷为 33.4kN 时,在石墨柱中部距顶端约 1.5mm 处首先出现裂纹(图 5.22(a)),该裂纹产生的原因是此处单元的应力状态满足了 Mohr 强度准则。随着载荷增加,该裂纹向石墨柱边缘横向扩展。随着载荷进一步增大,在距石墨柱顶部约 6mm 处出现竖向裂纹(图 5.22(b),该裂纹是导致石墨柱断裂的主裂纹),该裂纹产生的原因是此处单元的应力状态满足了最大拉应变准则,裂纹底端沿加载轴方向向下扩展,同时,裂纹顶端沿加载轴方向向上扩展,当扩展至距顶部约 3mm 处时,由于单元应力状态满足 Mohr 强度准则裂纹转而向右横向扩展直至石墨柱边界。向下扩展的主裂纹最终导致石墨柱发生整体劈裂破坏。

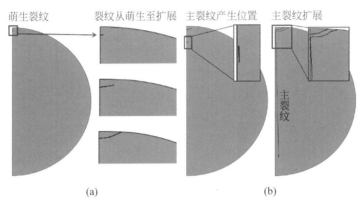

图 5.22　线接触损伤模型中石墨柱的破坏过程
(a) 接触端部萌生第一条裂纹并扩展;(b) 主裂纹萌生及扩展

5.1.4　核石墨线接触结构损伤破坏机理分析

图 5.23(a)~(d)为核石墨线接触实验加载过程中石墨柱的破坏过程,图 5.23(a)~(c)分别对应等效应力-等效应变曲线(图 5.23(e))中 A~C 三个点,相应的等效应力依次为 71.4MPa、94.8MPa 和 95.3MPa。从图中可以看出:加载至 A 点时,核石墨线接触结构仍然保持结构完整,试件未出现宏观破坏;加载至 B 点时,石墨柱与石墨砖的接触区域首次出现宏观裂纹;加载至 C 点时,石墨柱上宏观裂纹区域发生局部崩落。最后,石墨柱呈现出 Y 字形破坏,即接触区域局部碎裂,石墨柱出现上下贯通的裂纹发生脆性劈裂破坏(图 5.23(d))。综上所述,对于核石墨线接触结构而言,当其等效应力-等效应变曲线出现非线性转变时,即出现特征屈服时,试件未发生宏观破坏,说明用基于接触面积得到的特征接触屈服强度评价核石墨线接触结构的接触强度比较安全。

如图 5.24 所示,核石墨线接触结构失效破坏后,石墨柱上的接触区域发生局部碎裂,局部碎裂体近似于带有弧度的三棱柱,石墨柱内与局部碎裂体相接触的剩余部分出现明显的光滑的高反光区,在其他断裂区域几乎无反光点,其断裂面呈现出凹凸不平的颗粒状。该现象与 2.3.1 节围压实验的断裂面形貌相吻合(图 2.44),即围压较小时,核石墨试件发生张拉破坏,试件的断裂面比较粗糙,为无光滑的高反光区,随着围压的增大,石墨试件逐渐转变为剪切破坏,试件的断裂面逐渐趋近于光滑表面,出现大量光滑的高反光区。这说明,在核石墨线接触结构中,石墨柱的破坏包括两个方面:石墨柱接触区域的局部碎裂体近似于剪切破坏,这导致线接触结构发生局部破坏;其他区域表现为张拉破坏,这导致线接触结构发生整体失效破坏。

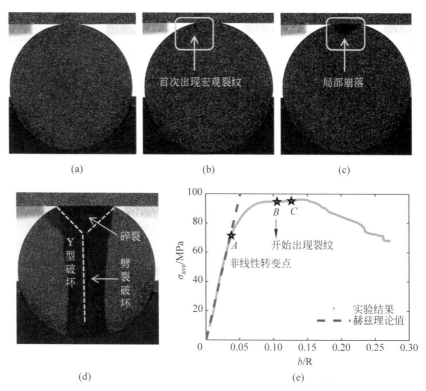

图 5.23　线接触实验中石墨柱的破坏过程及其对应的等效应力

（a）~（d）石墨柱的破坏过程；（e）石墨柱破坏过程对应的等效应力

图 5.24　核石墨线接触结构破坏图细节

（a）石墨柱接触区域；（b）局部碎裂体的俯视图；（c）局部碎裂体的侧视图；（d）石墨柱的俯视图；

（e）石墨柱劈裂成两瓣的破坏图

通过进一步分析核石墨线接触损伤模型的结果,可以得到石墨柱在破坏过程中的应变及应力状态,根据图 5.22 可知石墨柱的破坏过程包括三个关键时刻:萌生第一条裂纹、萌生第二条裂纹及裂纹扩展。图 5.25 为三个关键时刻的石墨柱最大主应变场,图 5.26 为三个关键时刻的石墨柱最大主应力场。可以看出:①从图 5.25(a)可知,当石墨柱萌生第一条裂纹时,裂纹萌生处处于压应变状态,不可能满足最大拉应变准则,并且从图 5.26(a)可知该处单元也不可能达到最大拉应力准则,此时导致裂纹产生的原因是单元应力满足了抛物线型 Mohr 准则,由图 2.51 可知在压应力主导区域 Mohr 准则非常接近最大剪应力准则,这也可以合理地解释图 5.24 中石墨柱接触破坏区域的高反光现象;②当石墨柱萌生第二条裂纹时,裂纹萌生处的最大主应力还未达到最大拉应力准则中的破坏值,但此处的最大主应变达到了最大拉应变准则中破坏值,由此导致第二条裂纹的萌生;③第二条裂纹扩展导致石墨柱发生劈裂破坏,此时整体裂纹呈"Y"型。分析可知裂纹上端侧向扩展区域的应力、应变均不满足最大拉应力或最大拉应变准则,该侧向扩展裂纹仍由单元满足 Mohr 强度准则引起,但裂纹向下扩展区域的应变达到了最大拉应变准则的破坏值(图 5.25(c)),这一破坏模式与实验结果(图 5.23(d))相似。综上所述,石墨柱与石墨砖接触区的破坏是由 Mohr 准则导致的,而中部主裂纹的产生和贯穿是由最大拉应变准则导致的。

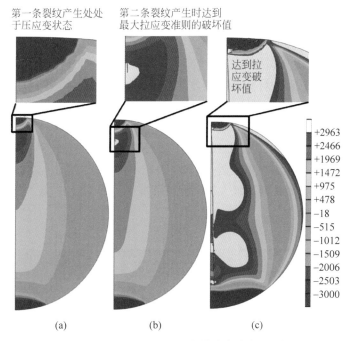

图 5.25　线接触损伤模型中石墨柱最大主应变场(单位:με)

(a) 萌生第一条裂纹时的最大主应变场;(b) 萌生第二条裂纹时的最大主应变场;(c) 裂纹完全扩展时的最大主应变场

以上分析结果说明,在核石墨线接触结构中,石墨柱的破坏包括两个方面:一是石墨柱与石墨砖的接触区域先发生局部破坏,该破坏是由于接触区附近应力状态满足了 Mohr 破坏准则;二是线接触结构发生整体失效破坏,该破坏是由于试件应变达到了最大拉应变破坏准则。另外,当线接触结构的等效应力-等效应变曲线出现非线性转变,即出现特征屈服时,试件尚未发生局部宏观破坏,这是由于核石墨材料对缺陷十分敏感,在承载过程中内部

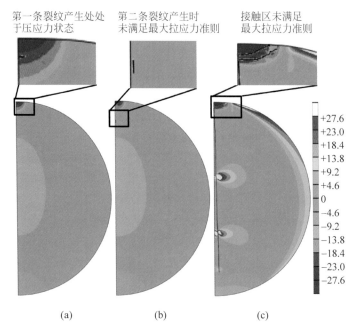

第一条裂纹产生处处　第二条裂纹产生时　接触区未满足
于压应力状态　　　　未满足最大拉应力准则　最大拉应力准则

（a）　　　　　（b）　　　　　（c）

图 5.26　线接触损伤模型中石墨柱最大主应力场（单位：MPa）

（a）萌生第一条裂纹时的最大主应力场；（b）萌生第二条裂纹时的最大主应力场；

（c）裂纹完全扩展时的最大主应力场

积累了大量的细观损伤，由此导致其宏观力学行为呈现出明显的非线性，而线接触结构在接触区附近具有明显的局部应力集中，这又会进一步加剧材料内部损伤的发生，当损伤积累到一定程度时就会引起宏观裂纹的形成和扩展。综上所述，损伤积累导致核石墨线接触结构发生特征屈服（等效应力-等效应变曲线出现非线性转变），但是接触体未发生宏观破坏；当损伤积累到一定程度后，接触区域附近（局部应力集中区）满足 Mohr 破坏准则，并发生局部宏观破坏；继续加载，石墨柱满足最大拉应变破坏准则而发生劈裂，最终导致线接触结构整体失效破坏。

5.2　点接触结构失效破坏过程实验与模拟分析

5.2.1　基于弹性接触理论的点接触结构屈服准则

典型点接触结构的模型如图 5.27（a）所示，球型接触体 1 在径向载荷 P 作用下与接触体 2 发生接触，随着载荷增大，点接触结构的接触区域从一个点逐渐扩展成接触半径为 a 的圆形区域（图 5.27（b））。

根据赫兹线弹性接触理论，点接触结构在总载荷 P 的作用下接触面上压应力 σ 的分布形式为

$$\sigma(r) = \frac{3P}{2\pi a^2}\sqrt{1-\left(\frac{r}{a}\right)^2} \tag{5-10}$$

由式（5-10）可知，接触应力在接触面的边缘处（$r=a$，$z=0$）降为零，在接触面的中心（$r=0$，

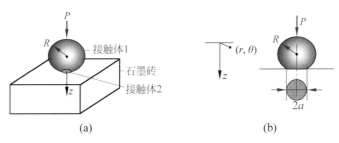

图 5.27 点接触结构模型示意图

(a) 点接触模型；(b) 点接触面积示意图

$z=0$)存在最大压应力值 $\sigma_{\max}$，可计算出接触体内沿 z 轴(坐标系参考图 5.27(b))的应力分布状态为

$$
\begin{cases}
\sigma_r = \sigma_\theta = \sigma_{\max}\left[\dfrac{1}{2(1+(z/a)^2)} - (1+\nu)\left(1 - \dfrac{z}{a}\arctan\left(\dfrac{z}{a}\right)\right)\right] \\
\sigma_z = -\dfrac{\sigma_{\max}}{1+\left(\dfrac{z}{a}\right)^2}
\end{cases}
\tag{5-11}
$$

式中，ν 为接触体材料的泊松比，作用在接触面上的最大接触应力 $\sigma_{\max}$ 为

$$
\sigma_{\max} = \frac{3P}{2\pi a^2}
\tag{5-12}
$$

接触区的接触半径 a 可表示为

$$
a = \left(\frac{3PR^*}{4E^*}\right)^{\frac{1}{3}}
\tag{5-13}
$$

其中 R^* 是点接触结构的等效半径，其表达式如下：

$$
R^* = 1\bigg/\left(\frac{1}{R^1} + \frac{1}{R^2}\right)
\tag{5-14}
$$

E^* 是点接触结构的等效弹性模量，其表达式如下：

$$
E^* = 1\bigg/\left(\frac{1-\nu_1^2}{E^1} + \frac{1-\nu_2^2}{E^2}\right)
\tag{5-15}
$$

式(5-14)和式(5-15)中，R_1、R_2 分别表示接触体 1 和接触体 2 的曲率半径，ν_1、ν_2 分别表示接触体 1 和接触体 2 材料的泊松比，E_1、E_1 分别表示接触体 1 和接触体 2 材料的杨氏模量。当如图 5.27 所示的两个接触体材料相同时，$R_1 \to \infty$，$R_2 = R$，$\nu_1 = \nu_2 = \nu$，$E_1 = E_2 = E$。因此，最大接触应力 $\sigma_{\max}$ 可表示为

$$
\sigma_{\max} = \left[\frac{3PE^2}{2\pi^3 R^2(1-\nu^2)}\right]^{\frac{1}{3}}
\tag{5-16}
$$

由式(5-11)可知，点接触应力分量 σ_θ 和 σ_r 均为 $\sigma_{\max}$ 及 z/a 的函数，点接触体内沿 z 轴(对称轴)各点的接触应力分布如图 5.28 所示(图 5.28 中取 $\nu=0.14$)，从图中可知，各点皆处于三向应力状态，并且各点的主应力分量随着远离接触面而迅速衰减。当 $z/a<0.9378$ (该值与泊松比有关)时，σ_θ 与 σ_r 为数值相等的压应力，当 $z/a>0.9378$ 时，σ_θ 与 σ_r 为数值相等的拉应力。

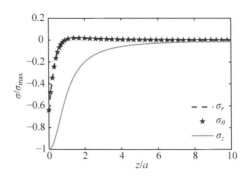

图 5.28　点接触体内沿 z 轴（对称轴）应力分布

而沿接触圆的径向和周向，分别存在数值相等的拉应力与压应力，即

$$\sigma_r = -\sigma_\theta = \sigma_{max} \frac{1-2\nu}{3} \left(\frac{a}{r}\right)^2 \tag{5-17}$$

而且在接触区边界 $r=a$ 处，径向存在最大拉应力，其值为

$$\sigma_r = \frac{1-2\nu}{3} \sigma_{max} \tag{5-18}$$

综上所述，点接触模型中应力分布具有以下特点：①在接触面中心（$r=0,z=0$）处，沿接触面的法线方向，存在最大压应力（σ_{max}）；②接触区内部一定范围内，各点皆处于三向压应力状态，且 $\sigma_\theta = \sigma_r$，各点的主应力分量随着远离接触面而迅速衰减，局部压应力之外 σ_θ 与 σ_r 为数值相等的拉应力；③在接触区最边缘，沿接触圆的径向存在最大拉应力。

与核石墨线接触结构类似，核石墨点接触结构的接触强度也可以用接触面积作为特征尺度进行评价，为此，需要获得核石墨点接触结构在各载荷条件下的接触半径。根据式（5-13）～式（5-15），点接触结构的接触半径 a 可表示为

$$a = \left(\frac{3PR(1-\nu^2)}{2E}\right)^{\frac{1}{3}} \tag{5-19}$$

上式可另写为

$$\frac{P}{\pi a^2} = \frac{2E}{3\pi(1-\nu^2)} \cdot \frac{a}{R} \tag{5-20}$$

若将点接触结构视为一个整体，在式（5-20）中，$P/(\pi a^2)$ 即为点接触结构接触面上的平均接触应力（σ_{ave}），a/R 为无量纲量，当点接触结构处于线弹性状态时，$2E/(3\pi(1-\nu^2))$ 为常量。因此，式（5-20）可视为点接触结构在线弹性状态下的等效应力-等效应变关系，即 $P/(\pi a^2)$ 可看作等效应力，a/R 可看作等效应变，$2E/(3\pi(1-\nu^2))$ 可看作等效模量。与材料的应力-应变关系类似，若 σ_{ave} 与 a/R 偏离线性关系，则认为点接触结构发生了特征尺度的屈服，此时的 σ_{ave} 可认为是点接触结构的特征接触强度，即接触屈服强度。

5.2.2　核石墨点接触结构失效破坏过程实验研究

1. 点接触结构的接触半径测量方法

5.1.2 节采用基于 DIC 的边界识别方法测量了核石墨线接触结构的接触半宽（图 5.29(a)），但是用同样的方法测量核石墨点接触结构的接触半径时，发现点接触实验中

采集到的图像有明显的光影现象(图 5.29(b))。这是因为石墨球沿加载轴方向中心对称,没有平整的端面(线接触结构的端面平整,光影现象不明显),用边界识别法测点接触的接触半径时,对打光有极高的要求,因此本节考虑用改进的压力纸方法(以下称"新压力纸法")测量点接触结构的接触半径。

(a)   (b)

图 5.29 基于 DIC 的边界识别法采集到的线接触及点接触图像
(a) 线接触实验中采集到的图像;(b) 点接触实验中采集到的图像

实验所采用的石墨点接触试件从上到下依次为石墨砖、石墨球及石墨球夹具,其尺寸如图 5.30 所示。其中石墨砖的尺寸为 100mm×100mm×60mm,石墨球的直径为 60mm,石墨球夹具的尺寸为 100mm×100mm×60mm,夹具中间设置直径为 70mm 的圆形凹槽以防止石墨球在实验过程中发生滚动。石墨砖、石墨球、石墨球夹具及其组成的石墨点接触结构的实物如图 5.31 所示。

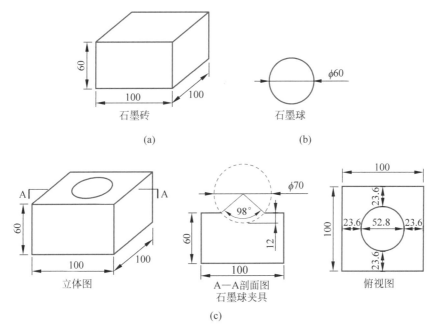

图 5.30 核石墨点接触结构的部件尺寸(单位:mm)
(a) 石墨砖尺寸;(b) 石墨球尺寸;(c) 石墨球夹具尺寸

利用新压力纸法测量接触半径的实验布置如图 5.32 所示,实验选用 MTS810 型材料性能试验机以 0.2mm/min 的加载速率对核石墨点接触结构进行加载,并采用规格为 LLLW 的富士压力纸,通过加卸载的方式实现不同载荷下接触面积的测量。实验时将石墨砖固定于试验机上端压头,将带有曲面凹槽的石墨球夹具放置在试验机下端压头,把石墨球

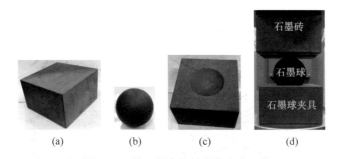

图 5.31 核石墨点接触结构实物图

(a) 石墨砖；(b) 石墨球；(c) 石墨球夹具；(d) 石墨点接触结构

放置于石墨球夹具的凹槽内，以保证石墨球在整个加卸载过程中的点接触位置保持不变。测量流程如图 5.33 所示，首次施加载荷之前，先在石墨砖的表面贴一张有颗粒的压力纸，实验过程中在石墨球上方放置一张显色压力纸，加载至预定载荷后进行卸载，只将显色压力纸取出并测量接触半径，然后再在石墨球上放置一张新的压力纸进行下一次加载，如此往复操作，直至核石墨点接触结构发生整体失稳破坏。

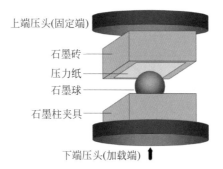

图 5.32 核石墨点接触结构接触面积测量示意图

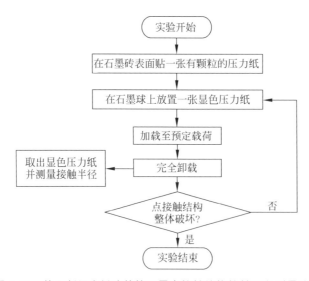

图 5.33 基于新压力纸法的核石墨点接触结构接触面积测量流程

为了分析新压力纸法对测量接触半径的改善效果,本研究同时利用传统压力纸法(其测试方法同5.1.2节)测量了核石墨点接触结构的接触半径。传统压力纸法和新压力纸法测得的不同载荷条件下点接触结构的接触面积变化分别如图5.34和图5.35所示。从图中可以明显看到石墨球与石墨砖之间的接触面积呈现出比较规则的圆形,并且接触面积随着载荷的增大而增大。从图5.34中可以观测到显色纸上的溢色现象,从图5.35可以看到第一张显色压力纸正常显色,从第二张开始显色压力纸的显色区域呈环状,中心空白处即为上一次加载的接触面积。

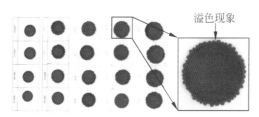

图 5.34　传统压力纸法测得的不同载荷下核石墨点接触结构接触面积及溢色现象

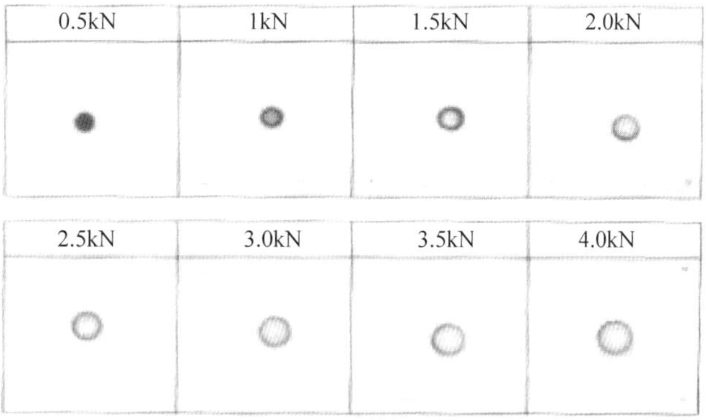

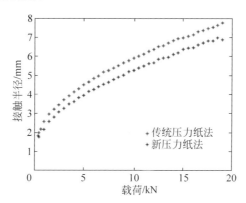

图 5.35　新压力纸法测得的不同载荷下核石墨点接触结构接触面积

利用上述传统压力纸法和新压力纸法分别测量出核石墨点接触结构的接触半径并绘制于图5.36中,可以看出,在同一载荷条件下,新压力纸法测得的接触半径小于传统压力纸法的结果,说明新压力纸法能改善压力纸溢色现象,因此,本文采用该新压力纸法对核石墨点接触结构的接触半径进行测量。

图 5.36　两种压力纸法测得的核石墨点接触结构的接触半径-载荷曲线

2. 点接触结构的实验结果及屈服行为分析

在进行多次加卸载之前,先对核石墨点接触结构进行了一次单调加载实验,得到的载荷-位移曲线如图5.37所示,不同于核石墨线接触结构(图5.14(a)),核石墨点接触结构的载荷-位移曲线非常光滑,最终失效前载荷未出现下降现象,达到最大值后载荷呈断崖式下降。

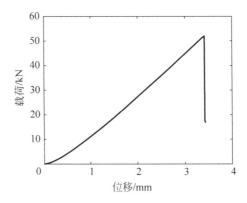

图5.37 单调加载下核石墨点接触结构载荷-位移曲线

基于上述新压力纸法对三个相同的核石墨点接触结构进行重复性实验,图5.38所示为由实验和赫兹理论(式(5-19))得到的接触半径-载荷曲线。可以看出,实验测得的接触半径-载荷曲线与赫兹理论结果偏差较大,并且载荷越大,实测结果越偏离赫兹理论的结果。这说明基于赫兹线弹性理论计算出的接触半径不适用于评价核石墨点接触结构的接触强度。

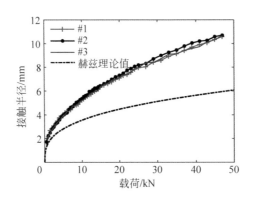

图5.38 核石墨点接触结构的接触半径-载荷曲线

根据5.2.1节的理论分析,可将实测等效应力(σ_{ave})-等效应变(a/R)曲线的非线性转变点视为核石墨点接触结构的特征屈服强度。为减小误差,对三组实验数据取平均值,得到三组实验数据的平均等效应力-等效应变曲线如图5.39所示,可以看出,在加载前期,等效应力-等效应变曲线基本呈线性变化,点接触结构处于线弹性阶段;之后,点接触结构进入非线性阶段,此时核石墨材料内部损伤大量累积导致其材料力学性能下降。对曲线的早期阶段进行线性拟合,可知核石墨点接触结构在等效应力达到94.7MPa时出现非线性转变点,即核石墨点接触结构的接触屈服强度可看作为94.7MPa。

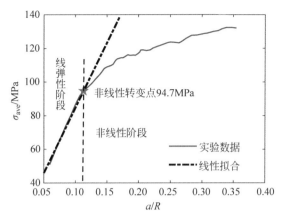

图 5.39 核石墨点接触结构等效应力-等效应变曲线

图 5.40 所示为核石墨点接触结构中各试件的破坏图,从图 5.40(a)可知:在石墨球与石墨砖相接触的圆形区域,石墨球发生局部碎裂,碎裂区域以圆形接触区域为界向球体内呈锥形破坏;在接触区域的边界处,石墨球出现 2～4 条裂纹,这些裂纹会沿加载轴方向扩展至石墨球的另一端,最终导致石墨球断裂成 2～4 瓣;在石墨球与石墨球夹具接触区域,石墨球虽然开裂但是相对比较完整。并且,当石墨球断裂成多瓣后,石墨球开裂得到的各瓣石墨块没有反光点,其断裂面凹凸不平,呈现出明显的张拉破坏特征,与核石墨线接触结构的

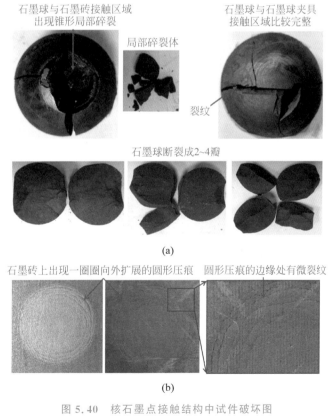

(a)

(b)

图 5.40 核石墨点接触结构中试件破坏图

(a)石墨球破坏图;(b)石墨砖上的圆形压痕及微裂纹

破坏图(图 5.24)相比较,并未出现剪切破坏的模式。此外,石墨砖并未发生显著破坏,石墨砖上的接触区域也没有明显的凹陷,但是,以石墨球与石墨砖的初始接触位置为圆心,石墨砖上的接触部位出现一圈圈向外扩展的圆形压痕(图 5.40(b)),并且在接触区域边缘可以观察到一些环形微裂纹。其破坏模式与 5.2.1 节指出的接触区域边缘径向存在最大拉应力相符。

综上所述,核石墨点接触结构的非线性转变点约为 94.7MPa,即可认为其接触屈服强度为 94.7MPa。点接触结构的破坏分为两部分:由接触区碎裂导致的局部破坏和石墨球劈裂导致的结构体整体失稳破坏。

5.2.3　核石墨点接触结构损伤破坏过程模拟研究

为了更深入地认识核石墨点接触结构的损伤破坏过程及破坏机理,本研究利用有限元商业软件 ABAQUS 建立了核石墨点接触结构的仿真模型,通过引入第 2 章获得的材料参数、损伤本构关系及强度准则来模拟核石墨点接触结构的损伤及破坏过程,进而预测核石墨点接触结构的接触强度,并与实验结果进行了比较。

1. 点接触结构的损伤破坏仿真模型

核石墨点接触结构损伤破坏仿真通过 ABAQUS/Explicit 实现,结合用户定义子程序(VUMAT)使用单元删除法对三维核石墨点接触结构的损伤破坏过程进行了仿真计算,有限元模型如图 5.41 所示。考虑到对称性,本文建立了接触结构的二分之一对称模型。其中,石墨球的直径为 60mm,石墨砖的尺寸为 60mm×60mm×60mm,石墨球夹具的尺寸为 80mm×80mm×60mm,夹具中间设置直径为 70mm 的圆形凹槽。定义初始杨氏模量为 9.8GPa,泊松比为 0.14。由于使用了显式计算及单元删除法,接触模式选择自接触。单元类型为 C3D8R,通过线弹性模型进行了网格大小相关性验证,为兼顾计算效率和计算准确性的双重要求,最终选择单元大小约为 1mm。

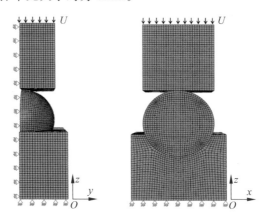

图 5.41　核石墨点接触结构有限元模型

核石墨点接触结构损伤模型的计算流程同核石墨线接触损伤模型(图 5.18)类似。不同的是,为了提高模型的收敛性,将线接触结构隐式算法下使用的 XFEM 方法改为了点接触结构显式算法下的单元删除方法,即当单元满足设定的破坏准则时该单元从有限元模型中删除,不再参与后续计算。

2. 点接触结构的模拟结果及损伤破坏过程分析

本节除了建立考虑损伤的核石墨点接触仿真模型(以下简称损伤模型)外,为了研究损伤对点接触结构力学行为的影响,还建立了同等尺寸的核石墨点接触结构线弹性模型。图 5.42 为线弹性模型、损伤模型与实验获得的核石墨点接触结构载荷-位移曲线,通过对比可以发现,由于忽略了损伤对核石墨材料力学性能的影响,线弹性模型的载荷-位移曲线斜率明显高于实验结果,而损伤模型载荷-位移曲线和实验结果更为接近,损伤模型预测的破坏载荷和实验获得的破坏载荷分别为 51.4kN 和 52.0kN,二者相差很小。

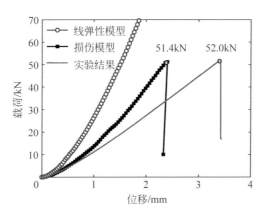

图 5.42 线弹性模型、损伤模型与实验结果的载荷-位移曲线对比

图 5.43 所示为线弹性模型、损伤模型、赫兹理论及实验获得的核石墨点接触结构接触半径-载荷曲线。对比发现,线弹性模型的结果与赫兹理论的计算值高度吻合,而损伤模型的结果与实验结果比较接近,这进一步证明了损伤对核石墨点接触结构力学行为的影响。从图中可以看出,当载荷较小时,点接触结构的接触半径迅速增大,随着载荷的增大,接触半径的增长速度逐渐变慢,从接触半径-载荷曲线的局部放大图可以看出,当载荷大于约 0.8kN 时,损伤模型及实验的结果逐渐偏离赫兹理论计算值,并且同一载荷条件下损伤模型及实验获得的接触半径逐渐大于弹性模型及赫兹理论的值。这说明赫兹理论不再适用于评价核石墨点接触结构的接触强度。

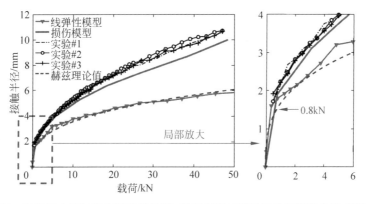

图 5.43 核石墨点接触结构线弹性模型、损伤模型与实验结果的接触半径-载荷曲线

根据 5.2.1 节的理论分析,可将核石墨点接触结构仿真得到的等效应力(σ_{ave})-等效应

变(a/R)曲线的非线性转变点视为核石墨点接触结构的特征接触强度(接触屈服强度)。如图 5.44 所示,通过对曲线进行线性拟合可知,该模型在等效应力约为 97.1MPa 时出现非线性转变点,可视之为仿真获得的接触屈服强度,该值与实验结果(图 5.39 所示实验数据的非线转变点为 94.7MPa)比较接近,说明本节建立的损伤模型适用于评价核石墨点接触结构的接触强度。

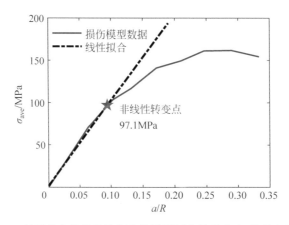

图 5.44 核石墨点接触结构损伤模型预测的等效应力-等效应变曲线

图 5.45 所示为核石墨点接触结构损伤模型不同角度的破坏图及实验破坏图,从仿真结果来看,在加载达到峰值载荷前,石墨球与石墨砖接触区有少数单元满足最大拉应力准则而发生破坏。在达到峰值载荷后,石墨球与石墨砖的接触区域发生圆形局部碎裂,并且石墨球上产生一条贯穿裂纹,沿加载轴方向笔直地贯穿石墨球,导致石墨球开裂成两瓣,贯穿裂纹的产生是由于单元应力满足了最大拉应力准则。需要注意的是,核石墨点接触结构属于轴对称问题,理论上来说贯穿裂纹可以沿任意轴对称截面产生,实验结果断裂面的产生位置取决于核石墨球内的材料缺陷,仿真结果断裂面的产生位置取决于有限元网格的划分。总体而言,该损伤模型的破坏形式与实验结果相符,即接触区发生局部碎裂,最后石墨球发生张拉破坏。

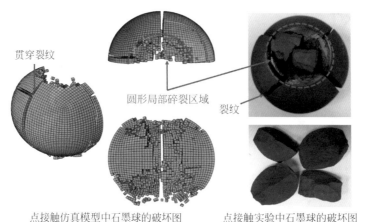

贯穿裂纹

圆形局部碎裂区域

裂纹

点接触仿真模型中石墨球的破坏图   点接触实验中石墨球的破坏图

图 5.45 点接触仿真模型及实验中石墨球的破坏结果对比

5.2.4　核石墨点接触结构损伤破坏机理分析

对核石墨点接触结构损伤模型仿真结果截取不同加载时刻石墨球的破坏图,可得到石墨球的破坏过程如图 5.46 所示。通过观察可知,当加载到 36.5kN 时,石墨球首次出现单元破坏,破坏位置恰好位于接触区边缘,从最大主应力云图可以看出接触区内部处于压应力状态,而接触区边缘具有最大拉应力。随着载荷的增大,石墨球接触区域的边缘不断出现新的破坏单元。最后接触区发生碎裂破坏,石墨球内产生贯穿裂纹,接触结构完全失效。

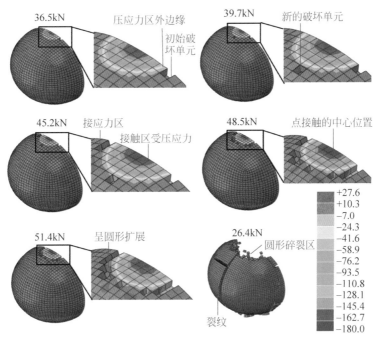

图 5.46　点接触损伤模型中石墨球在不同载荷条件下的破坏图(图中为最大主应力云图)

图 5.47 为核石墨点接触损伤模型中石墨球在不同载荷下横截面的最大主应力场。可以看出,石墨球的接触区为压应力区,并且该区域的中心位置存在最大压应力。当载荷为 35kN 时,接触区边缘处可以看到很小的拉应力集中区,接触区下方石墨球内部也出现拉应

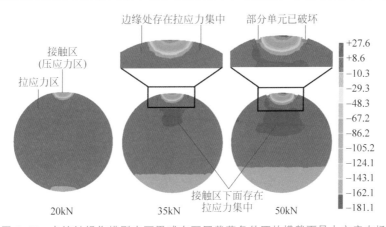

图 5.47　点接触损伤模型中石墨球在不同载荷条件下的横截面最大主应力场

力集中区。当加载至 50kN 时,接触区域边缘处部分单元已经发生了破坏,此处的最大拉应力满足了最大拉应力准则;接触区下面的拉应力集中区进一步扩大,并最终因其满足最大拉应力准则而导致石墨球发生张拉破坏。

以上分析说明,在核石墨点接触结构中,石墨球的破坏主要分为两个方面:一是石墨球与石墨砖的接触区发生局部破坏,该破坏是由于接触区边缘处应力达到了最大拉应力破坏值;二是石墨球发生整体失效破坏,该破坏是由于接触区以下石墨球内部的应力达到了最大拉应力破坏值。

第**6**章

核石墨构件碰撞动力学参数测试

高温气冷堆使用核石墨作为"慢化剂"和结构材料,如球床式高温气冷堆使用大块核石墨砖搭建一个圆环状结构作为堆芯结构,其内部装有石墨燃料球。在地震、气流等载荷的作用下,作为堆芯结构的核石墨砖构件会遭受到瞬间动载冲击,在此过程中组成球床的核石墨砖之间可能会发生三种方式的碰撞:正碰撞、斜碰撞以及核石墨砖块体与连接件(键或榫)之间的碰撞。如果上述碰撞导致堆芯结构发生了破坏,核反应堆运行将会停止甚至出现核燃料泄漏事故,因此在堆芯结构设计中需要进行核石墨结构碰撞动力学分析,为此需要测得必要的碰撞动力学参数。本章将通过设计加载装置和观测系统测得核石墨构件在碰撞前后的速度变化、碰撞恢复系数和碰撞接触持续时间等动力学参数,求得核石墨构件之间的等效弹簧刚度系数和阻尼系数,并对其碰撞机理进行研究和探讨。

6.1 脆性材料碰撞动力学特性研究现状

两个物体发生碰撞时,在相对较短的时间内发生强烈相互作用。如图 6.1 所示,开始碰撞时,两物体相互挤压,发生变形。接触压力使两物体减速运动,直至相对速度减小到零,这个过程称为压缩阶段;随后两物体开始恢复变形,相对速度增大,直至达到最大值,两物体分离,这个过程称为恢复阶段。上述两个阶段(图 6.1 中 II,III,IV 过程)的时间之和称为碰撞接触持续时间 t_c,有

$$t_c = t_1 - t_0 \qquad (6-1)$$

式中,t_0 为两物体接触时刻,t_1 为两物体分离时刻。

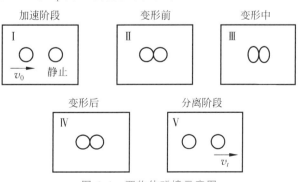

图 6.1 两物体碰撞示意图

如图 6.2 所示,当物体为非弹性体时,碰撞会导致能量损失,宏观上反映为物体速度的变化。两个物体碰撞前后相对速度大小的比值称为碰撞恢复系数 e,即

$$e = \frac{v_2 - v_1}{v_{20} - v_{10}} \tag{6-2}$$

式中,v_{10} 和 v_{20} 分别为两个物体碰撞前一时刻的速度(矢量),v_1 和 v_2 分别为碰撞分离后一时刻两物体的速度(矢量)。

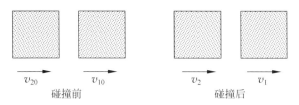

$$v_{20} \qquad v_{10} \qquad\qquad v_2 \qquad v_1$$
碰撞前　　　　　　　　碰撞后

图 6.2　碰撞恢复系数的测定

对于非完全弹性碰撞,碰撞后物体的动能发生损失,动能损失的大小与物体材料的物性和碰撞时的相对速度有关。根据 Voight 模型可以得到如下公式:

$$\begin{cases} e = \exp\left(-\dfrac{\pi h}{(1-h^2)^{1/2}}\right) \\ C = (2m_e K)^{1/2} h \\ t_c = \pi(m_e/K)^{1/2} \\ m_e = \dfrac{m_1 m_2}{m_1 + m_2} \end{cases} \tag{6-3}$$

式中,e 为碰撞恢复系数,h 为阻尼因子,C 为阻尼系数,K 为碰撞物体之间的弹簧刚度系数,t_c 为碰撞接触时间,m_1 和 m_2 为两碰撞物体质量,m_e 为等效质量。根据上式可以发现,阻尼系数 C 和刚度系数 K 可以通过恢复系数和接触时间配合一些已知参数计算获得。而恢复系数和接触时间又与碰撞过程中两物体的速度有关,即如果能够测量得到碰撞过程中两物体在各位置的速度及其对应时间,则可得到动力学的 4 个参数(恢复系数、接触时间、阻尼系数、刚度系数)。

传统的研究往往仅考虑弹性碰撞过程材料的动力学特性,认为材料的动力学参数仅与材料本身有关。事实上,在碰撞过程中,波、尺寸、塑性变形和损伤均会影响材料的动力学特性。如姚文莉等(2004)提出碰撞恢复系数并非只与材料有关。从碰撞的恢复系数定义可知,恢复系数实质上是碰撞过程中法向能量损耗的一种表征,通常在碰撞中因波动散失的能量会被忽略,但有时波动能量的散失在总能量消耗中占有相当比重,为此作者进行了物体对弹性杆的碰撞试验,结果表明碰撞物与待碰物的质量比越大或碰撞时间越长,波动能量损失越小,所得恢复系数越接近真实值。

侯健等(2008)分析了混凝土块体碰撞过程中动能的损耗机理,推导了碰撞恢复因数与动能损耗系数间的对应关系。基于试验和数值模拟相结合的方法提出的碰撞力学模型,研究了碰撞恢复因数和动能损耗系数的定量确定方法。该方法中考虑了质量比、初始碰撞夹角、混凝土抗压强度和块体初始碰撞速度比等因素对混凝土块体碰撞性能的影响,为建立更精确的混凝土块体间的碰撞模型提供了依据。

在材料的动态加载方面,目前已有大量关于材料塑性变形与损伤对材料动力学特性影响方面的研究。与碰撞情形类似,这类研究的结果也具有一定的参考意义。如宁建国等(2006)基于混凝土材料强冲击加载下的试验研究,提出了两种损伤型动态本构模型:损伤型黏弹性本构模型和损伤与塑性耦合的本构模型。通过比较模型计算结果与冲击试验结果发现,由于混凝土材料内部会随着冲击速度的增大而产生显著的塑性变形,因此损伤型黏弹性本构模型不适用于研究强冲击载荷作用下混凝土材料的冲击响应特性,而损伤与塑性耦合的本构模型由于考虑了裂纹扩展引起的材料强度和刚度的弱化,以及微空洞缺陷、塌陷引起的塑性变形,因而能更好地用于研究强冲击载荷作用下混凝土材料的冲击响应特性。高富强等(2009)通过系统地研究石灰岩材料的动静态压缩性能,给出了这种材料在低应变率(10^{-5}s^{-1})和高应变率($10\sim10^{3}\text{s}^{-1}$)下的应力-应变曲线,利用所得试验数据及曲线分析了不同长径比岩石试件的力学性能。研究发现在动态冲击条件下材料的力学性能具有应变率效应,并且受到尺寸效应和应变率效应的耦合作用。为此,该研究借鉴 Ožbolt 等(2006)的做法,在分离式霍普金森压杆(split Hopkinson pressure bar,SHPB)冲击试验中采用控制加载速度的方法,在相近的应变率范围内讨论了岩石试件的尺寸效应,发现在准静态加载条件下,岩石试件的静态强度随长径比的增大而减小;在 SHPB 冲击条件下,长径比对动态强度的影响存在一个临界值,当长径比低于临界值时,动态强度随长径比的增大而减小,当长径比高于临界值时,动态强度随长径比的增大而增大。此外,对于高于临界长径比的岩石试件,存在临界加载速度,低于临界加载速度时,静载尺寸效应占主导地位;高于临界加载速度时,动载尺寸效应占主导地位。

在动力学参数实验测试方法方面,梁家惠等(1999)基于压电晶体制成的力传感器测量了碰撞过程中试件的瞬时冲击力、碰撞接触时间等数据。在实验过程中,力传感器被固定在碰撞试件的碰撞面上,当碰撞发生后,力传感器将力信号转变为电信号并通过数字存储示波器显示为瞬态波形的脉冲信号,该脉冲从产生到结束的时间即为碰撞接触时间。上述方法得到的数据较为准确,但将力传感器固定在碰撞面上很容易损坏,并且会影响试件本身的动力学参数。

在石墨材料动力学参数测量方面,Rodkin 和 Olsen(1978)发展了一种测量石墨试件碰撞速度和接触时间的方法。该方法的原理是通过发电机对齿轮加速进而带动石墨运动,再在齿轮上安装一个电路,当两块石墨接触时会产生电流,当石墨分离后电流断开,通过记录该电路信号可以得到齿轮的转速,进而得到石墨的碰撞速度和接触时间。文中研究了三种尺寸(如表 6.1 所示)下两种石墨材料(H-327 和 H-451)的恢复系数与接触时间曲线。研究发现,各种尺寸下石墨的恢复系数均随着速度的增加而增大。其中全尺寸石墨与本研究所选用的石墨试件质量相近,全尺寸石墨试件的质量为 118kg,碰撞面边长为 36cm,碰撞速度为 $0\sim1.27\text{m/s}$。以 H327 石墨材料为例,随着碰撞速度的增大,全尺寸石墨试件的恢复系数为 $0.1\sim0.4\text{in./s}$,1/2 和 1/5 尺寸石墨试件的恢复系数均为 $0.2\sim0.5\text{in./s}$,略高于全尺寸石墨试件。此外,文献还研究了两种碰撞方式对石墨(1/2 尺寸)碰撞性能的影响,即一个运动试件碰撞一个静止试件以及两个运动试件相互碰撞,结果表明,第一种碰撞方式的恢复系数略高于第二种碰撞方式。从石墨接触时间-碰撞速度关系可以看出,三种尺寸下石墨的碰撞接触时间均随着碰撞速度的增加而减少,并且质量越大,碰撞接触时间与碰撞速度曲线的曲率越小。当碰撞速度为 $0\sim1.27\text{m/s}$ 时,全尺寸石墨的碰撞接触时间为 $0.4\sim0.6\text{ms}$。

表 6.1 石墨碰撞试件尺寸

石墨砖规格	试件质量/kg	高度/cm	碰撞面边长/cm
1/5	1.3	15.8	7.2
1/2	14.6	39.6	18.0
全尺寸	118.0	79.2	36.0

数据来源：Rodkin and Olsen，1978。

Ikushima and Honma(1980)将多块石墨砖竖直放在圆筒之中，再分别加以不同频率的振幅，发现结构内部的石墨砖因受到震动而产生的加速度与结构获得的加速度呈比例关系，并且不同高度的石墨因其相互碰撞获得的加速度也具有差异性。该研究测量得到的石墨恢复系数随着碰撞速度的增为 0.45～0.65cm/s，接触时间为 0.7～0.8ms。

在石墨材料的变形研究方面，Dave(1977)将 6 块不同尺寸的石墨砖水平放在震动台上，并模拟地震的震动，得到了不同位置的石墨发生碰撞的时刻，以及碰撞过程中石墨的碰撞时间与应变之间的关系。

综上所述，目前国内外关于石墨材料碰撞动力学特性方面的研究尚且匮乏，并且多为通过理论分析或数值仿真对碰撞过程进行研究，而直接通过实验获得其动力学相关参数方面的研究缺乏。同时，现有实验研究主要是针对气冷堆和棱柱状高温气冷堆，其研究对象（材料、石墨构件形状等）与本研究所针对的球床高温气冷堆差别巨大。此外，对于按照气冷堆真实尺寸制作的大尺寸石墨砖体（尺寸 400mm×400mm×400mm，质量 110kg）的动力学参数方面的实验研究未见报道。其难点在于缺少合适的加载装置和观测系统，下面将针对这一问题进行详细讨论。

6.2 碰撞加载装置及测试方法

6.2.1 常规碰撞加载方法

对于本章研究内容，除动力学参数的测量方法外，另一个难点是设计大尺寸石墨试件加速的碰撞加载装置。该装置不仅要尽可能降低运动过程中的摩擦力，使试件获得一定的速度，而且要易于控制碰撞的角度、方式等。现有文献中用于碰撞的常见设备主要有气轨（沙振舜、乌霞生，1989）、沙壶球台及摆臂碰撞台（何思明等，2009）等。

1. 气轨碰撞装置

气轨碰撞加载装置如图 6.3 所示，气轨表面均匀布置小孔，实验过程中空气从孔中均匀压出将试件托起，以消除滑动中的摩擦力，在气轨两端装有弹簧用于对石墨砖进行速度加载。从该装置的设计和加载原理可以发现，气轨装置在消除摩擦力以及控制方向方面具有很大的优势。但对于本研究的石墨碰撞实验而言，应用气轨装置具有很大的困难，首先，气轨试件的底

石墨砖*A* 石墨砖*B*

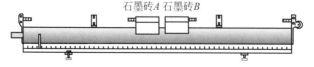

图 6.3 气轨碰撞加载装置示意图

部一般需加工成 V 型,才能与气轨表面啮合,这给石墨试件的加工带来了很大困难;其次,气轨的浮力有限,对于本实验所研究的大试件(质量约 110kg),很难加工合适的气轨。

2. 沙壶球台碰撞装置

沙壶球台碰撞加载装置如图 6.4 所示。球台表面铺设细小颗粒,使石墨砖与球台表面形成滚动摩擦,以尽量减小摩擦力,其速度加载装置与气轨碰撞加载装置类似。但是本研究中石墨砖质量非常大,沙壶球台对摩擦力的降低能力有限。更重要的是,此类装置不容易控制碰撞的方向,很难完成本实验需求的石墨砖正碰试验。

图 6.4 沙壶球台

3. 摆臂碰撞装置

摆臂碰撞台加载装置如图 6.5 所示,该摆臂碰撞台的原理是将石墨砖与铁板固定,通过电磁铁将石墨砖吸附在刚性摆臂上,通过断开电磁铁电流释放石墨砖,再通过调整高度以控制碰撞试件的初速度。该方法能较好地控制摆动的方向以完成正碰,但是对于本研究测试的质量为 110kg 的石墨砖需要非常大的磁力来固定,这对电源的要求非常高;同时导板的摩擦力很大,造成的速度损失会影响恢复系数的计算精度。

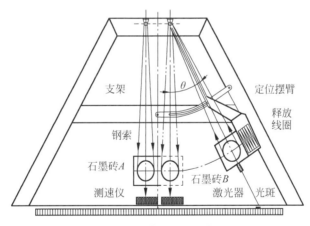

图 6.5 摆臂碰撞台示意图

综合分析上述各个实验装置的优缺点可以发现:本测试所使用的石墨砖质量较大,气轨装置无法提供如此大的浮力;沙壶球台虽然可以在碰撞轨迹两侧加轴承来控制方向,但石墨砖与沙壶球台的摩擦力与质量呈正比,大质量的石墨砖与沙壶球台之间的摩擦力无法忽略;摆臂碰撞台是一个比较好的选择,但是通过电磁方法释放试件需要在石墨砖上固定额外夹具,这会影响碰撞的效果。

6.2.2 轨道式碰撞加载装置及测试系统

考虑到以上碰撞加载装置的缺点,为测量核石墨砖(尺寸 400mm×400mm×400mm,

质量 110kg)碰撞的动力学参数,本研究搭建了一套集加载和观测为一体的碰撞动力学参数测试系统,实验布置示意图如图 6.6 所示。

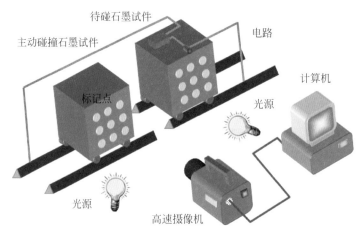

图 6.6　核石墨砖碰撞测试方案示意图

　　测试系统采用轨道式碰撞加载装置(图 6.7),并结合光学图像分析等技术对核石墨砖碰撞全过程的速度进行测量。由于核石墨砖的碰撞是在极短时间内完成的,因此观测系统必须具有极高的采集速度。本研究为该碰撞测试专门搭建了一套如图 6.8 所示的观测系统。观测系统包括高速相机和光源。高速相机为日本 Photron 公司生产的 FASTCAM SA1.1 型高速摄像机(快门速度最快为 370ns,最高拍摄速度为 67.5 万幅/秒),实验时高速相机正对碰撞位置布置。两个光源分别布置于拍摄区域两侧以保证光照均匀,由于高速相机采集速度很快,快门时间极短,普通照明或自然光的亮度无法满足实验要求,而日光灯频闪会对采集图片产生影响,所以实验中使用了两个功率均为 1000W 的金属镝灯作为照明设备,高速相机及金属镝灯如图 6.9 所示。

图 6.7　核石墨砖碰撞实验轨道照片

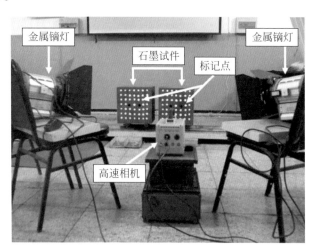

图 6.8　核石墨砖碰撞观测系统

　　利用光测力学方法对核石墨砖碰撞全过程速度进行测量的具体做法是在核石墨砖表面制作一系列标记点,通过分析高速摄像机在极短时间内采集的大量核石墨砖碰撞图像

(a)　　　　　　　　　　　(b)

图 6.9　高速相机及金属镝灯实物图

(a) FASTCAM SA1.1 型高速摄像机；(b) 1000W 金属镝灯

(图 6.10(a))，即可计算出试件的位移和运动速度。

计算试件位移和速度的前提是获得试件上各点在图像中的位置，本研究利用一种图像分析方法——"灰度重心法"确定点的位置。该算法的原理是将数字图像像素的灰度看作是数字图像的"密度"，认为图像中一个斑点的中心位于其"重心"处。对于一个标记点来说，假设它占有 Oxy 平面上的闭区域 Ω，如图 6.10(b)所示，设其灰度分布为 $I=f(x,y)$，该标记点的灰度重心坐标可表示为

$$x_c = \frac{\int_\Omega x \cdot f(x,y)\mathrm{d}x\mathrm{d}y}{\int_\Omega f(x,y)\mathrm{d}x\mathrm{d}y}, \quad y_c = \frac{\int_\Omega y \cdot f(x,y)\mathrm{d}x\mathrm{d}y}{\int_\Omega f(x,y)\mathrm{d}x\mathrm{d}y} \tag{6-4}$$

式中，x 和 y 为域 Ω 内各点的横坐标和纵坐标。上式仅仅描述了图像中灰度连续的情况，事实上，我们获取的是含有离散像素点的数字图像，因此可将式(6-4)改写为如下形式：

$$i_c = \frac{\sum_1^{M \times N} i \cdot I(i,j)}{\sum_1^{M \times N} I(i,j)}, \quad j_c = \frac{\sum_1^{M \times N} j \cdot I(i,j)}{\sum_1^{M \times N} I(i,j)} \tag{6-5}$$

式中，i 和 j 分别为图像中各离散像素点的横坐标和纵坐标，M 和 N 为图像尺寸，i_c 和 j_c 为标记点在图像中的灰度重心。

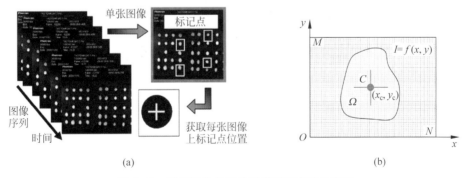

(a)　　　　　　　　　　　(b)

图 6.10　基于图像分析的光学测速方法示意图

(a) 光学方法测量试件速度；(b) "灰度重心法"原理示意图

如果实验过程中标记点的形状以及灰度分布(包括图像其他区域的灰度分布)不发生变化，则用式(6-5)计算出来的标记点的位置变化完全反映了标记点的位移情况。但在实际测试过程中，由于以下原因上述条件并不能完全得到保证：

（1）变形会导致标记点的形状发生变化；

（2）测试过程中光照不均匀,导致标记点及图像其他区域的灰度发生变化。

这两个因素都会导致由式(6-5)计算得到的标记点的灰度重心位移计算结果有误差。核石墨材料作为一种准脆性材料,在本文研究的碰撞速度范围内其变形很小,基本不会对标记点形状产生影响;对于第二个问题,本研究采取对标记点图像二值化的处理办法来解决,即在实验过程中尽量制作与基底反差较大的标记点,先对图像进行二值化处理(图 6.11),其数学表达式为:

$$I_B(i,j) = \begin{cases} 1, & I_0(i,j) \geqslant I_t \\ 0, & I_0(i,j) < I_t \end{cases} \tag{6-6}$$

式中,I_t 为一给定的阈值,I_B 为经过二值化处理后的图像。将图 6.11(a)按照上述方法进行处理得到的新图像如图 6.11(b)所示。

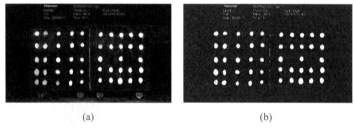

(a)　　　　　　　　　　　　　(b)

图 6.11　二值化处理前后的标记点图像

(a) 原始图像；(b) 二值化处理后的图像

对二值化处理后的新图像中各标记点按式(6-5)进行计算,即可获得各标记点的灰度重心坐标,如图 6.12 所示。

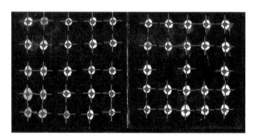

图 6.12　计算得到的碰撞试件上各标记点的灰度重心坐标

为检验"灰度重心法"的测量分辨率,本研究利用一个平移台标定实验对上述算法进行标定。实验仪器包括精密平移台(分辨率 $10\mu m$)和数字图像采集设备:DH-SV1300FM 型数字 CCD 相机(分辨率 1280pixels×1024pixels,帧率 7.5fps)和变焦镜头(可调焦范围为 12.5～75mm)。

按图 6.13 所示,将一个绘制有标记点的平板固定在平移台上,用 CCD 相机进行图像采集。调整图像采集系统的放大率使图像上 1 个像素分别相当于 1mm,2mm 和 5mm,因此平移台的最小移动单位 $10\mu m$ 则分别相当于 0.01 像素、0.02 像素和 0.05 像素。对于每种分辨率,分别移动平移台 20 次(每次移动 $10\mu m$)并采集图像,然后使用前述算法进行处理。为验证前文所述二值化方法的处理效果,在计算标记点灰度重心时分别采用了"二值化"和

"灰度"两种处理方式,测量结果如表 6.2 和图 6.14 所示。

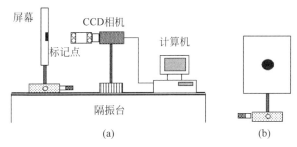

图 6.13　分辨率标定实验装置布置图

(a)整体示意图;(b)屏幕正视图

表 6.2　"灰度重心法"标定实验结果的相对误差和标准差

误　　差	二值化处理			灰度处理		
	$r=0.01$	$r=0.02$	$r=0.05$	$r=0.01$	$r=0.02$	$r=0.05$
最大相对误差/%	335.8291	48.4837	4.7938	335.8249	42.1148	14.3752
最小相对误差/%	5.2461	0.4680	0.3050	5.2442	0.5183	0.3438
平均相对误差/%	78.9049	16.6154	2.0481	78.9041	15.5399	5.1569
标准差/μm	49.5877	10.9984	2.2642	49.5873	12.4163	5.7147

注:r 为测量分辨率。

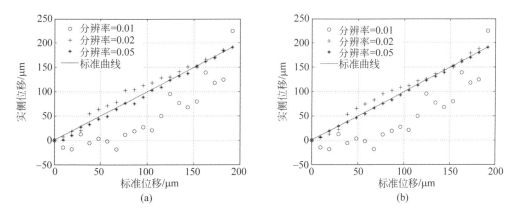

图 6.14　"灰度重心法"标定实验结果与标准位移的对比曲线

(a)经过二值化处理;(b)未经二值化处理

　　由表 6.2 及图 6.14 可以看出,当测量分辨率为 0.05 像素的位移量时标记点定位效果较好。在此分辨率下,最大相对误差小于 5%,平均相对误差约为 2.05%。另外,对比经过二值化处理和未经二值化处理两种方式下的标准差可以看出,经过二值化处理后的实验结果标准差较小,说明离散程度弱,从而验证了二值化处理的有效性。

　　通过以上方法计算出各标记点在图像中的位置后即可计算出该点的位移。由于每幅图像的时间均可被记录下来,因此对位移求时间导数即可获得标记点的移动速度,在核石墨砖碰撞实验中标记点的速度即可看作核石墨砖的速度。

　　实验系统搭建好后,首先对该系统和以上图像处理方法进行了测试。图 6.15 给出了一种较为方便的测试方法,即将两个核石墨试件放置在两段断开的轨道上,同时在轨道上安装

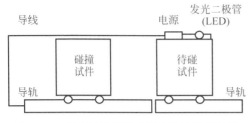

图 6.15　发光二极管测碰撞接触时间原理图

一个包含有发光二极管的电路。当两块核石墨分离时电路短路,而碰撞石墨与待碰石墨一旦相撞,电路形成闭合回路使二极管发光,记录二极管发光图片的张数,根据采样频率即可计算核石墨砖碰撞的接触时间。另外,通过由"灰度重心法"计算得到的位移-时间曲线可以识别出接触时间,两种方法计算结果对比可以验证系统和算法的稳定性及准确性。图 6.16 为高速摄像机采集到的核石墨砖碰撞图像,图 6.17 为两试件碰撞过程中的位移曲线,而对位移求导即可获得图 6.18 所示两试件碰撞过程中的速度曲线。两图中,红色曲线代表主动碰撞试件的位移和速度,蓝色曲线代表被动待碰试件的位移和速度。从图 6.18 中可以看出速度曲线分为三个阶段,分别为碰撞前、接触变形和分离阶段。第一阶段主动碰撞试件速度基本恒定而待碰试件速度为零;第二阶段在两试件接触后速度均发生了突变,即能量发生了转移;第三阶段两个试件出现速度差而发生分离。取碰撞前施碰试件与待碰试件速度曲线差值记为 v_1,取碰撞后施碰试件与待碰试件速度曲线差值记为 v_s,利用式(6-2)即可得到碰撞的恢复系数 e。从曲线图中同样还可以获取碰撞的接触时间 t_c,即速度曲线中第二阶段的持续时间。图 6.18 中还给出了发光二极管(LED)的亮度随时间变化曲线。当核石墨砖还未接触时 LED 不发光,定义此时 LED 值为 0;当核石墨砖发生碰撞时 LED 发光,定义此时 LED 值为 1。从图中可以发现,用图像处理方法识别出的碰撞过程与 LED 识别出的碰撞过程基本一致。另外,可以看出在碰撞发生前后速度较为稳定,核石墨砖几乎作匀速运动,所以本研究选取碰撞发生前后速度的平均值来计算恢复系数。根据相关理论,核石墨砖碰撞的刚度系数和阻尼系数可根据恢复系数与接触时间计算获得,本研究将测量核石墨砖块在不同碰撞速度下的恢复系数、接触时间、等效刚度系数和阻尼系数共四个动力学参数。

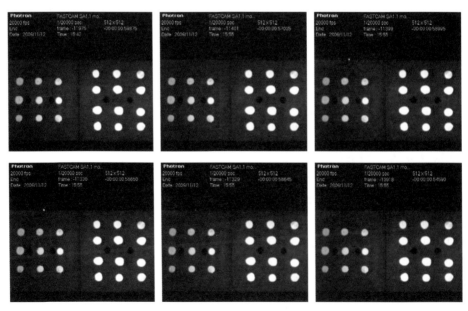

图 6.16　高速相机采集的核石墨砖碰撞图像

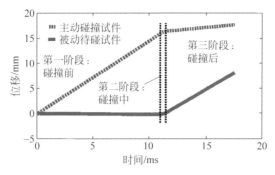

图 6.17　核石墨砖碰撞位移-时间曲线

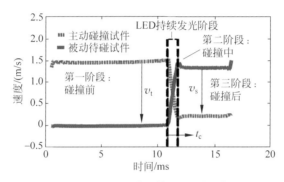

图 6.18　核石墨砖碰撞速度-时间曲线

6.3　核石墨碰撞实验与结果

如前所述,球床式高温气冷堆在地震、气流等载荷的作用下,作为堆芯结构的核石墨砖构件会遭受到瞬间动载冲击,在此过程中组成球床的核石墨砖之间可能会发生三种方式的碰撞:正碰撞、斜碰撞以及核石墨砖块体与连接件(键或榫)的碰撞,如图 6.19 所示。本节将针对这三种碰撞方式开展实验研究。

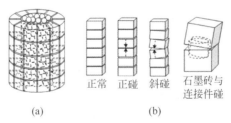

图 6.19　球床式高温气冷堆石墨砖堆芯结构及石墨砖碰撞方式示意图
(a) 石墨燃料堆结构示意图;(b) 不同碰撞方式示意图

6.3.1　核石墨砖对心正碰实验及结果

首先进行 3 组核石墨砖对心正碰重复实验,得到核石墨砖对心正碰下的恢复系数、接触时间、刚度系数和阻尼系数。测试的具体步骤为:将 6 块核石墨砖分为 3 组并称重(表 6.3);在核石墨砖底部固定滑轮并安放在轨道上,进行几次碰撞以检验滑轮固定情况并调整两块核石墨砖以保证其对心正碰;将发光二极管(LED)固定于待碰试件上,接好电路,进行几次碰撞检验电路是否正常工作;搭建观测系统并调整光源使拍摄区域光照均匀;进行碰撞实验,从较小速度开始碰撞,然后逐渐增大碰撞速度到2m/s左右。下面以第1组实验为例介绍核石墨砖碰撞的测量结果。

表 6.3　对心正碰核石墨砖试件参数

组　　别	试　　件	试件质量/kg
第 1 组	主动碰撞试件	122.75
	待碰撞试件	122.35
第 2 组	主动碰撞试件	122.75
	待碰撞试件	117.95
第 3 组	主动碰撞试件	117.95
	待碰撞试件	118.00

第1组核石墨砖碰撞实验获得的部分图像如图6.20所示(分辨率512pixels×512pixels,帧率20 000fps)。按照6.2.2节中方法对图像进行处理得到的典型核石墨砖速度-时间关系曲线如图6.21所示。通过 LED 得到的不同碰撞速度下的接触时间如图6.22所示。通过不同碰撞速度下的核石墨砖速度-时间关系曲线计算得到的核石墨砖碰撞恢复系数如图6.23所示,核石墨砖碰撞刚度系数和阻尼系数与碰撞速度的关系如图6.24和图6.25所示。

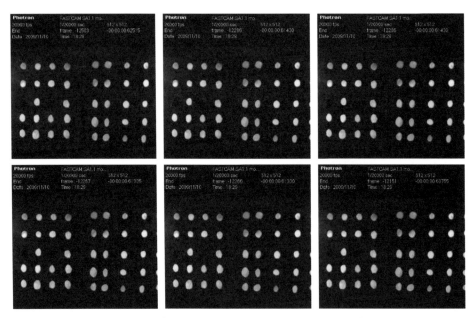

图 6.20　高速相机采集到的核石墨砖对心正碰图像

图6.26和图6.27所示分别为3组核石墨砖对心正碰的接触时间-碰撞速度关系曲线和恢复系数-碰撞速度关系曲线。从图中可以发现,3组实验数据的走势基本一致,数据离散性也比较小。

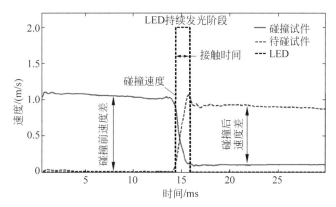

图 6.21　核石墨砖对心正碰的速度-时间曲线

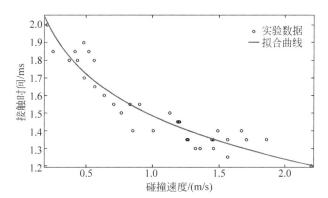

图 6.22　核石墨砖对心正碰的接触时间-碰撞速度曲线

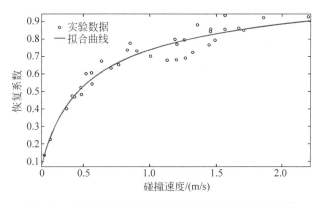

图 6.23　核石墨砖对心正碰的恢复系数-碰撞速度曲线

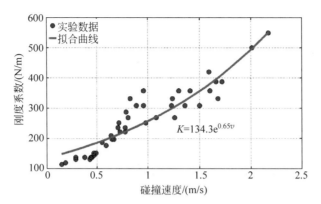

图 6.24   核石墨砖对心正碰的刚度系数-碰撞速度曲线

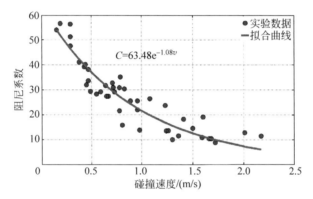

图 6.25   核石墨砖对心正碰的阻尼系数-碰撞速度曲线

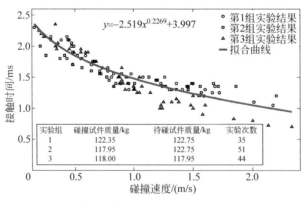

图 6.26   三组核石墨砖对心正碰的接触时间-碰撞速度曲线

图 6.28 为文献(Rodkin and Olsen,1978;Ikushima et al.,1982)中的核石墨碰撞实验结果,与图 6.26 和图 6.27 所示的本研究的实验结果对比分析如下:

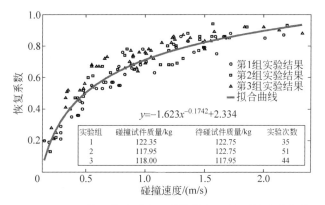

图 6.27 三组核石墨砖对心正碰的恢复系数-碰撞速度曲线

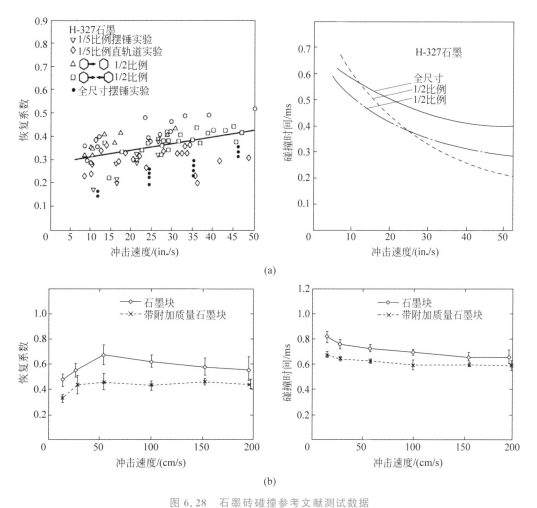

(b)

图 6.28 石墨砖碰撞参考文献测试数据

(a) Rodkin and Olsen(1978)测试数据;(b) Ikushima 等(1982)测试数据

1. 碰撞的恢复系数比较

Rodkin and Olsen(1978)测量了碰撞速度在 1～1.27m/s 范围内的石墨砖碰撞恢复系数,其数值在 0.1～0.3 之间。从曲线上看,其测量点较少(4 个碰撞速度),作者按照线性规律对实验结果进行了拟合,得到了石墨砖恢复系数随碰撞速度增大而线性增加的结论;Ikushima 等(1982)测量了碰撞速度在 1～2m/s 范围内的石墨砖碰撞恢复系数,其数值在 0.5～0.7 之间。从曲线上看,其测量点同样较少(6 个碰撞速度),该曲线以碰撞速度约 0.5m/s 为分界点,小于该碰撞速度时石墨砖恢复系数随碰撞速度的增大而增加,大于该碰撞速度后规律则相反;本研究同样测量了碰撞速度在 1～2m/s 范围内的石墨砖碰撞恢复系数,但测量点更多(30 个碰撞速度),测得的恢复系数数值在 0.2～0.8 之间,恢复系数随碰撞速度的增大而增加,且呈现出幂函数规律。

理论上材料的碰撞恢复系数代表的是碰撞过程中能量损耗与系统总能量的比例关系。当碰撞为完全非弹性碰撞(碰撞后两物体黏在一起,速度相同)时,其恢复系数为 0;当碰撞为完全弹性碰撞(碰撞过程无能量损失)时,其恢复系数为 1;对于大部分碰撞来说,在碰撞过程中均会有部分能量损失,因此其恢复系数数值应在 0～1 之间。Ikushima 等(1982)测得的恢复系数随碰撞速度增大呈现下降的趋势,主要原因可能在于他们选用的碰撞装置为摆臂式碰撞架,碰撞系统与碰撞试件刚性连接,当试件发生碰撞后会导致整个碰撞系统振动,这会带来额外的能量损耗。随着速度的增加这个额外的能量损耗增大,当速度大于 0.5m/s 时,额外的能量损耗已经大于了试件碰撞本身的能量损耗,所以恢复系数逐渐下降。本研究所使用的导轨装置可以很好地避免振动导致的能量损失,因此恢复系数随速度增加而持续增加,这也与 Rodkin and Olsen(1978)得到的规律相同。不同的是 Rodkin and Olsen(1978)的实验采样点较少(4 个),且使用了线性规律来拟合数据,这样很可能无法真实地体现出恢复系数与碰撞速度的变化规律。本研究共进行了 30 组不同碰撞速度下的测试,测试结果稳定且恢复系数与碰撞速度呈现出较明显的幂函数变化规律。

2. 碰撞的接触时间比较

Rodkin and Olsen(1978)测量的碰撞接触时间在 0.4～0.6ms 之间,接触时间随碰撞速度的增大而减小;Ikushima 等(1982)测量的接触时间在 0.7～0.8ms 之间,接触时间同样随碰撞速度的增大而减小;本研究获得的接触时间与碰撞速度的规律与上述文献吻合,但在数值上偏大(达到 1～2.5ms)。

6.3.2 核石墨砖斜碰实验及结果

核石墨砖斜碰实验是在对心正碰的基础上进行的,研究目标为获取核石墨砖在斜碰方式下的动力学参数并与对心正碰结果进行比较。斜碰实验所用碰撞试件与对心正碰实验相同,即 6 块核石墨砖分成 3 组进行实验(表 6.4)。实现斜碰的方式如图 6.29 所示,将正碰实验中固定在碰撞试件底部的后轮垫起一定高度,使碰撞试件转动一个角度 α,碰撞实验中碰撞试件的一个棱边将与待碰试件的碰撞面相碰。考虑到实际需求,角度 α 一般小于 5°,其他测试方法和参数与对心正碰一致。

表 6.4　斜碰核石墨砖试件参数

组　　别	试　　件	试件质量/kg
第 1 组	主动碰撞试件	122.75
	待碰撞试件	117.95
第 2 组	主动碰撞试件	117.95
	待碰撞试件	118.00
第 3 组	主动碰撞试件	118.00
	待碰撞试件	122.35

图 6.29　核石墨砖斜碰示意图

下面以第一组实验为例介绍核石墨砖斜碰的测量结果。碰撞实验获得的部分图像如图 6.30 所示(分辨率 512pixels×512pixels,帧率 20 000fps)。按照 6.2.2 节中方法对图像进行处理得到的典型核石墨砖速度-时间关系曲线如图 6.31 所示。通过发光二极管得到的不同碰撞速度下的接触时间如图 6.32 所示。通过不同碰撞速度下的核石墨砖速度-时间关系曲线计算得到的核石墨砖碰撞恢复系数如图 6.33 所示。

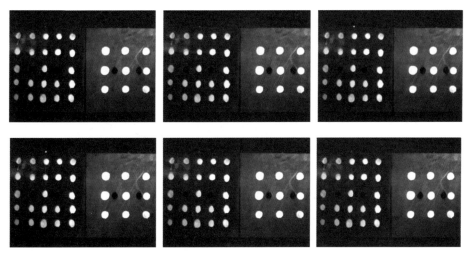

图 6.30　高速相机采集到的核石墨砖斜碰图像

分析斜碰实验数据可以发现,核石墨砖斜碰的恢复系数总体变化趋势为随着碰撞速度的上升逐渐增大;接触时间则随着碰撞速度的逐渐增大而减小,最后接触时间趋于稳定。仔细观察碰撞图像可以发现,斜碰方式下在碰撞速度较大时会导致试件跳起。当碰撞速度达到 1m/s 以上时,试件跳起的高度可能会导致试件底部滑轮完全脱离轨道。试件跳起后由于脱离轨道的约束可能会产生随机的扭转,这会使试件损失速度,进而影响恢复系数。因为这一扭矩有很大的随机性,所以对恢复系数的影响也有很大的不确定性,这可能是导致核

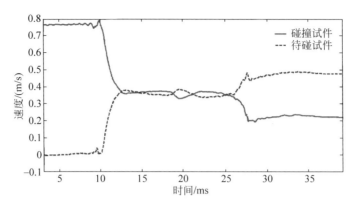

图 6.31 核石墨砖斜碰的速度-时间曲线

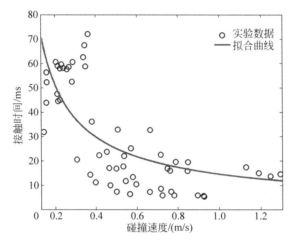

图 6.32 核石墨砖斜碰的接触时间-碰撞速度曲线

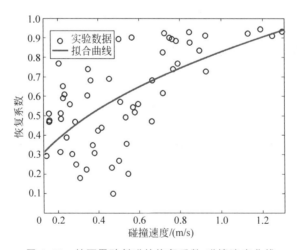

图 6.33 核石墨砖斜碰的恢复系数-碰撞速度曲线

石墨砖斜碰恢复系数比较分散的主要原因。

相对于正碰,斜碰的方式会使接触时间显著增大,通过速度曲线可以看出,碰撞发生的过程中两试件在一段时间内速度相同。在实验过程中也观察到,斜碰方式会使得两试件有一段完全非弹性碰撞的过程,这一过程在碰撞速度较低时较为明显,随着碰撞速度的增大这一过程逐渐变短,表现为接触时间变短。为了将这一过程清晰地表征出来,本研究记录了实验中待碰试件在不同碰撞速度下质心上升高度的变化,如图6.34所示。可以看到待碰试件的质心在某一高度会持续一定时间,这表示两试件是接触在一起的,随着速度的增加持续接触的时间逐渐变短,当速度超过0.8m/s时质心滞空时间基本相同,这与通过二极管得到的接触时间曲线一致。

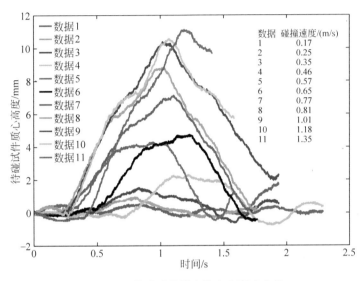

图 6.34　待碰试件质心的上升高度曲线

6.3.3　核石墨键、榫与核石墨砖碰撞实验及结果

核石墨键、榫与核石墨砖的碰撞实验布置示意图如图6.35所示,本实验将核石墨圆榫或方键安装在待碰核石墨砖试件上,再用碰撞核石墨砖试件撞击安装在待碰试件上的圆榫或方键。与前述核石墨砖正碰和斜碰实验不同,本实验需要铺设两条平行轨道,将两核石墨砖试件分别放在不同轨道上,由于两试件不在同一平面内,所以该实验的相机拍摄方式采用俯拍的方式。

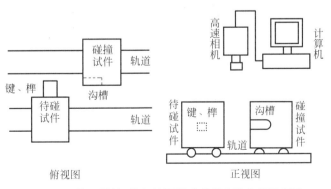

图 6.35　核石墨键、榫与核石墨砖碰撞实验布置示意图

在核石墨键、榫与核石墨砖的碰撞实验中,共使用石墨砖试件、圆榫试件以及方键试件各 4 个,分别编号为 A、B、C 和 D,各试件质量如表 6.5 所示。下面以一组实验为例介绍圆榫与核石墨砖碰撞的测量结果。

表 6.5　核石墨键、榫与核石墨砖碰撞实验各试件质量

石墨砖试件	质量/kg	圆榫试件	质量/kg	方键试件	质量/kg
A	101.65	A	0.35	A	4.50
B	102.80	B	0.35	B	4.50
C	97.90	C	0.35	C	4.50
D	100.30	D	0.35	D	4.50

选取核石墨砖 A 与 B 作为碰撞实验的一组核石墨砖试件,待碰试件为核石墨砖 A,碰撞试件为核石墨砖 B,圆榫试件为圆榫 A。在核石墨砖底部安装滑轮并置于轨道上,先进行几次碰撞以检验滑轮固定情况。因为本实验的碰撞方式无法使由核石墨和轨道构成的电路系统短路,所以本实验不使用二极管记录接触时间,通过对碰撞方式的分析可知本实验的接触时间较长,用光测法也可以得到较为准确的接触时间。

圆榫与核石墨砖碰撞实验获得的部分图像如图 6.36 所示(分辨率 896pixels × 512pixels,帧率 5000fps)。利用 6.2.2 节中的方法对图像进行处理获取的核石墨砖速度-时间关系曲线如图 6.37 所示。可以看出曲线分为四个阶段,阶段 Ⅰ 时两试件尚未接触,阶段 Ⅱ 时两试件已发生碰撞,阶段 Ⅲ 时两试件接触在一起并同时发生转动,阶段 Ⅳ 时两试件分离。通过速度-时间关系曲线计算得到的核石墨砖与圆榫碰撞接触时间如图 6.38 所示,恢复系数如图 6.39 所示。

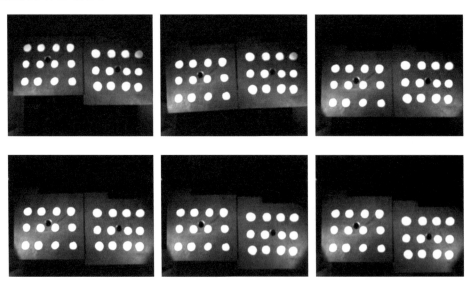

图 6.36　高速相机采集的圆榫与核石墨砖碰撞图像

下面以一组实验为例介绍方键与核石墨砖碰撞的测量结果。选取核石墨砖 A 与 B 作为碰撞实验的一组核石墨砖试件,待碰试件为核石墨砖 A,碰撞试件为核石墨砖 B,方键试件为方键 A。实验操作同上述圆榫碰撞实验。

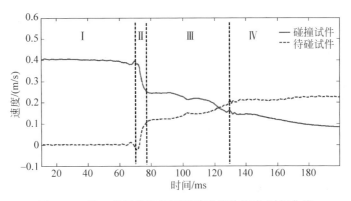

图 6.37　第 1 组圆榫与核石墨砖碰撞的速度-时间曲线

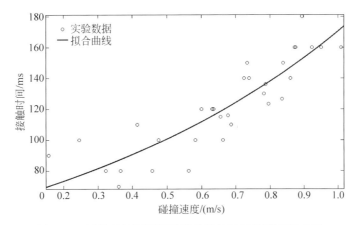

图 6.38　圆榫与核石墨砖碰撞的接触时间-碰撞速度曲线

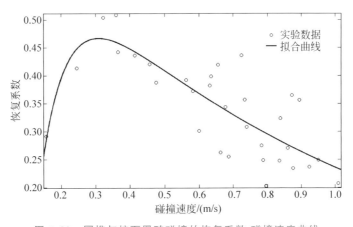

图 6.39　圆榫与核石墨砖碰撞的恢复系数-碰撞速度曲线

　　方键与核石墨砖碰撞实验获得的部分图像如图 6.40 所示(分辨率 896pixels×752pixels,帧率 5000fps)。利用 6.2.2 节中的方法对图像进行处理获取的核石墨砖速度-时间关系曲线如图 6.41 所示。通过速度-时间关系曲线计算得到的核石墨砖与方键碰撞接触时间如图 6.42 所示,恢复系数如图 6.43 所示。

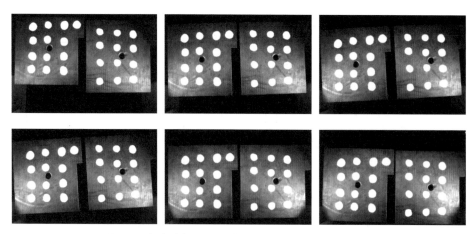

图 6.40 高速相机采集的方键与核石墨砖碰撞图像

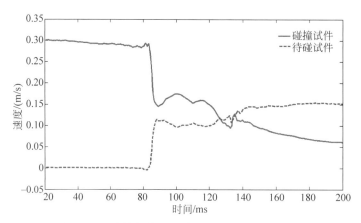

图 6.41 方键与核石墨砖碰撞的速度-时间曲线

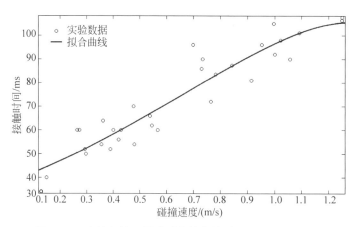

图 6.42 方键与核石墨砖碰撞的接触时间-碰撞速度曲线

通过键、榫与核石墨砖的碰撞实验结果可以发现,圆榫与方键同核石墨砖碰撞的恢复系数和接触时间随碰撞速度变化的趋势一致。恢复系数随速度的增大表现为先上升后下降的趋势,其原因是当碰撞速度较小时,两试件的转动较小,因此由转动造成的速度损失较小,碰

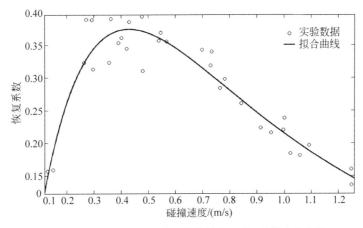

图 6.43 方键与核石墨砖碰撞的恢复系数-碰撞速度曲线

撞实验结果主要反映出材料的碰撞特性,所以恢复系数变化规律与核石墨砖正碰实验相同;当碰撞速度较大时,两试件的转动就会变大,此时试件的速度损失主要由转动幅度决定,碰撞速度越大转动幅度越大,速度损失也越大,其表现为恢复系数随碰撞速度增大而下降。当碰撞速度达到 1.2m/s 时,试件就会转出轨道。接触时间随碰撞速度的增大表现为单调上升,本实验条件下的接触时间主要由两部分组成:键、榫与核石墨砖碰撞接触时间和两核石墨砖试件扭转接触时间。碰撞速度越大,扭转幅度就越大,由扭转引起的接触时间就越长,从而会使总的接触时间变长。

参 考 文 献

ADAMANTIADES A,KESSIDES I. 2009. Nuclear power for sustainable development: current status and future prospects[J]. Energy Policy,37(12): 5149-5166.

ALEJANO L R,BOBET A. 2012. Drucker-Prager criterion[J]. Rock Mechanics & Rock Engineering, 45(6): 995-999.

ALEKSEEV P N,KUKHARKIN N E,Udyanskii Y N,et al. 2005. Advanced nuclear power systems with micropelleted fuel for nuclear-powered ships[J]. Atomic Energy,99(1): 441-445.

ANGELO J A JR,BUDEN D. 1991. The nuclear power satellite (NPS)-key to a sustainable global energy economy and solar system civilization[C]. Proceedings of the 2nd International Symposium,Societe des Electriciens et des Electroniciens and Societe des Ingenieurs et Scientifiques de France,Gif-sur-Yvette, Paris,117-124.

ASTM E399-06,Standard Test Method for Linear-Elastic Plane-Strain Fracture Toughness KIC of Metallic Materials[S],2006.

ASTME 1290-89,Standard test method for crack-tip opening displacement (CTOD) fracture toughness measurement[S],1989.

AWAJI H,SATO S. 1978. Diametral compressive stress considering the Hertzian contact[J]. Journal of the Society of Materials Science,Japan,27(295): 336-341.

BALDO N,MANTHOS E,PASETTO M. 2018. Analysis of the mechanical behaviour of asphalt concretes using artificial neural networks[J]. Advances in Civil Engineering: 1-17.

BELHABIB S, HADDADI H, GASPÉRINI M, et al. 2008. Heterogeneous tensile test on elastoplastic metallic sheets: comparison between FEM simulations and full-field strain measurements [J]. International Journal of Mechanical Sciences,50(1): 14-21.

CHALAL H, AVRIL S, PIERRON F. 2005. Characterization of the nonlinear shear behaviour of UD composite materials using the virtual fields method[J]. Applied Mechanics and Materials,(3-4): 185-190.

CHEN R,XIA K,DAI F,et al. 2009. Determination of dynamic fracture parameters using a semi-circular bend technique in split Hopkinson pressure bar testing[J]. Engineering Fracture Mechanics,76(9): 1268-1276.

CLASSICS S. 2004. Flap over Russia's nuclear battle cruiser[J]. Sea Classics,(7): 7-8.

CVN New Nuclear-Powered Aircraft Carrier[J]. Sea Power. 2004.

DAVE R C. 1977. Scaling laws for HTGR core block seismic response[J]. United States Energy Research and Velopment Administration Contract. W-7405-ENG. 36

DOE U S. 2002. A Technology Roadmap for Generation IV Nuclear Energy Systems,Ten Nations Preparing Today for Tomorrow's Energy Needs [R]. Nuclear Energy Research Advisory Committee and Generation IV International Forum.

DUDLEY T,BOUWER W, VILLIERS P D,et al. 2008. The thermal-hydraulic model for the pebble bed modular reactor (PBMR) plant operator training simulator system[J]. Nuclear Engineering and Design,238(11): 3102-3113.

DUDLEY T, VILLIERS P D, BOUWER W,et al. 2008. The operator training simulator system for the pebble bed modular reactor (PBMR) plant[J]. Nuclear Engineering and Design,238(11): 2908-2915.

EBERHARDT E. 2012. The Hoek-Brown failure criterion[J]. Rock Mechanics & Rock Engineering,45(6): 981-988.

GB/T 2358-94,金属材料裂纹尖端张开位移测量的试验方法[S],1994.

GOODENOUGH R,GREIG A. 2008. Hybrid nuclear/fuel-cell submarine[J]. Journal of Naval Engineering, 44(3)：455-471.

GRAVITZ S I. 1958. An analytical procedure for orthogonalization of experimentally measured modes[J]. Journal of the Aerospace Sciences,25(11)：1168-1173.

HAIMSON B,BOBET A. 2012. Introduction to suggested methods for failure criteria[J]. Rock Mechanics & Rock Engineering,45：973-974.

HANNANT D J,BUCKLEY K J,CROFT J. 1973. The effect of aggregate size on the use of the cylinder splitting test as a measure of tensile strength[J]. Materials & Structures,6(1)：15-21.

HARUO K. 1985. Notch sensitivity of graphite materials for VHTR[J]. Journal of the Atomic Energy Society of Japan,27(4)：357-364.

HAYKIN S. 1998. Neural Networks：A comprehensive foundation (third ed)[M]. London：Macmillan.

HE T,LIU L,MAKEEV A,et al. 2016. Characterization of stress-strain behavior of composites using digital image correlation and finite element analysis[J]. Composite Structures,140：84-93.

HE Y,MAKEEV A,SHONKWILER B. 2012. Characterization of nonlinear shear properties for composite materials using digital image correlation and finite element analysis[J]. Composite Science and Technology, 73：64-71.

HOBBS D W. 2002. An assessment of a technique for determining the tensile strength of rock[J]. British Journal of Applied Physics,16(2)：259.

HOEK E,BROWN E T. 1997. Practical estimates of rock mass strength[J]. International Journal of Rock Mechanics and Mining Sciences,34：1165-1186.

HONDROS G. 1959. The evaluation of Poisson's ratio and the modulus of materials of a low tensile resistance by the Brazilian (indirect tensile) test with particular reference to concrete[J]. Australian Journal of Applied Science,10：243-268.

HOUSSIN D,DUJARDIN T,CAMERON R,et al. 2015. Technology Road-map-Nuclear Energy. Organization for Economic Co-Operation and Development[R].

IKUSHIMA T,HONMA T,ISHIZUKA H. 1982. Seismic research on block-type HTGR core[J]. Nuclear Engineering & Design,71(2)：195-215.

IKUSHIMA T,HONMA T. 1980. Seismic response of high temperature gas-cooled reactor core with block-type fuel[J]. Journal of Nuclear Science and Technolog,17(9)：655-667.

JENAB A,SARI SARRAF I,GREEN D E,et al. 2016. The Use of genetic algorithm and neural network to predict rate-dependent tensile flow behaviour of AA5182-O sheets[J]. Material and Design,94：262-273.

JOHNSON K L. 1985. Contact mechanics[M]. Cambridge：Press Syndicate of the University of Cambridge.

KANE J,KARTHIK C,BUTT D P,et al. 2011. Microstructural characterization and pore structure analysis of nuclear graphite[J]. Journal of Nuclear Materials,415(2)：189-197.

KHLOPKIN N S,ZOTOV A P. 1997. Merchant marine nuclear-powered vessels[J]. Nuclear Engineering and Design,173(1-3)：201-205.

LABUZ J F,ZANG A. 2012. Mohr-Coulomb failure criterion[J]. Rock Mechanics & Rock Engineering,45：975-979.

LECOMPTE D,SMITS A,SOL H,et al. 2007. Mixed numerical-experimental technique for orthotropic parameter identification using biaxial tensile tests on cruciform specimens[J]. International Journal of Solids and Structures,44(5)：1643-1656.

LEE J J,GHOSH. T K,LOYALKA,S K. 2018. Comparison of NBG-18,NGB-17,IG-110 and IG-11 oxidation kinetics in air. Journal of Nuclear Materials,500,64-71.

LEMAÎTRE J,DESMORAT R. 2005. Engineering Damage Mechanics：Ductile,Creep,Fatigue and Brittle Failures[M]. Berlin：Springer.

LI C G,GE X R,ZHENG H,et al. 2006. Two-parameter parabolic mohr strength criterion and its damage regularity[J]. Key Engineering Materials,306-308：327-332.

LI C J. 1999. Effects of temperature and loading rate on fracture toughness of structural steels[J]. Materials and Design,21(1)：27-30.

LI X,ROTH C C,MOHR D. 2019. Machine-learning based temperature-and rate-dependent plasticity model：application to analysis of fracture experiments on DP steel[J]. International Journal of Plasticity,118：320-344.

LIN L,LI H,FOK A S L,et al. 2008. Characterization of heterogeneity and nonlinearity in material properties of nuclear graphite using an inverse method[J]. Journal of Nuclear Materials,381(1-2)：158-164.

LIU G,WANG L,YI Y,et al. 2018. Inverse identification of tensile and compressive damage properties of graphite material based on a single four-point bending test[J]. Journal of Nuclear Materials,509：445-453.

MA S,ZHAO Z,WANG X. 2012. Mesh-based digital image correlation method using higher order isoparametric elements[J]. Journal of Strain Analysis for Engineering Design,47(3)：163-175.

MAGOROU L L,BOS F,ROUGER F. 2002. Identification of constitutive laws for wood-based panels by means of an inverse method[J]. Composites Science and Technology,62(4)：591-596.

MAN K,ZHOU H W. 2010. Determination of dynamic fracture toughness using CCNBD in SHPB testing [C]. 44th U. S. Rock Mechanics Symposium and 5th U. S. -Canada Rock Mechanics Symposium,27-30 June,2010,Salt Lake City,Utah.

MARINOS P,HOEK E. 2001. Estimating the geotechnical properties of heterogeneous rock masses such as flysch[J]. Bulletin of Engineering Geology & the Environment,60(2)：85-92.

MARTIN W H,CLARE D M. 1964. Determination of fast-neutron dose by nickel activation[J]. Nuclear Science and Engineering,18(4)：468-473.

MEUWISSEN M H H,OOMENS C W J,BAAIJENS F P T,et al. 1998. Determination of the elasto-plastic properties of aluminium using a mixed numerical-experimental method[J]. Journal of Materials Processing Technology,75(1-3)：204-211.

MOLIMARD J,LE RICHE R,VAUTRIN A,et al. 2005. Identification of the four orthotropic plate stiffnesses using a single open-hole tensile test[J]. Experimental Mechanics,45(5)：404-411.

NIGHTINGALE R E. 1962. Nuclear graphite[M]. New York：Academic Press.

OŽBOLT J,RAH,K K,MEŠTROVIĆ D. 2006. Influence of Loading Rate on Concrete Cone Failure[J]. International Journal of Fracture,139,239-252.

PAGNACCO E,MOREAU A,LEMOSSE D. 2007. Inverse strategies for the identification of elastic and viscoelastic material parameters using full-field measurements[J]. Materials Science and Engineering A,452：737-745.

PEARS C D,SANDERS H G. 1970. A strength analysis of a polygraphite[J]. Air Force Materials Laboratory Report,AFML-TR-69-204,Part Ⅱ.

POTTINGER J,CROSS T,SACK B. 2017. Nuclear-Powered Aircraft Carrier Life-Cycle Cost Analysis[J]. Social Science Electronic Publishing.

PRIEST S. 2012. Three-dimensional failure criteria based on the Hoek-Brown criterion[J]. Rock Mechanics & Rock Engineering,45：989-993.

RODKIN S M,OLSEN B E. 1978. HTRG fuel element collision dynamics test program[R]. General Atomic Report,GA-A14728.

SCHANK J F,ARENA M V,DELUCA P,et al. 2007. Sustaining U. S. Nuclear Submarine Design

Capabilities[M]. RAND Corporation.

SINGH G,FOK A,MANTELL S. 2017. Failure predictions for graphite reflector bricks in the very high temperature reactor with the prismatic core design[J]. Nuclear Engineering and Design,317：190-198.

TAKAHASHI S,AOKI S,OKU T. 1993. Impact fracture toughness of a nuclear graphite measured by the one-point-bending method[J]. Carbon,31(2)：315-323.

WANG X,MA Q,MA S,et al. 2011. A marker locating method based on gray centroid algorithm and its application to displacement and strain measurement[C]. Fourth International Conference on Intelligent Computation Technology and Automation,932-935.

WAWERSIK W R,BRACE W F. 1971. Post failure behavior of a granite and a diabase [J]. Rock Mechanicsa,3：61-85.

WU Z X,LIN D C,ZHONG D X. 2002. The design features of the HTR-10[J]. Nuclear Engineering & Design,218(1)：25-32.

WU Z X. 2007. The module HTGR development in china[J]. Engineering Sciences,4：59-67.

YAMADA T,MATSUSHIMA Y,KURODA M,et al. 2014. Evaluation of fracture toughness of fine-grained isotropic graphites for HTGR[J]. Nuclear Engineering and Design,271：323-326.

YANG S Q,JIANG Y Z,XU W Y,et al. 2008. Experimental investigation on strength and failure behavior of pre-cracked marble under conventional triaxial compression[J]. International Journal of Solids and Structures,45(17)：4796-4819.

YOKOYAMA T. 1993. Determination of dynamic fracture-initiation toughness using a novel impact bend test procedure[J]. Journal of Pressure Vessel Technology,115：389-397.

YU Q Q. 2011. The Stress Concentration Factor Measurement and Failure Behavior Analysis of Graphite Components[D]. Beijing：Master thesis of Beijing Institute of Technology.

ZHANG L. 2008. A generalized three-dimensional Hoek-Brown[J]. Rock Mechanics & Rock Engineering, 41：893-915.

ZHANG Q B,ZHAO J. 2013a. Determination of mechanical properties and full-fileld strain measurements of rock material under dynamic loads[J]. International Journal of Rock Mechanics and Mining Sciences, 60：423-439.

ZHANG Q B,ZHAO J. 2013b. Effect of loading rate on fracture toughness and failure micromechanisms in marble[J]. Engineering Fracture Mechanics,102：288-309.

ZHANG Q,ZHU H,ZHANG L. 2013. Modification of a generalized three-dimensional Hoek-Brown strength criterion[J]. International Journal of Rock Mechanics & Mining Sciences,59：80-96.

ZHANG S S,ALLEN J L,READ J A. 2021. Stabilizing capacity retention of li-ion battery in fast-charge by reducing particle size of graphite[J]. Journal of the Electrochemical Society,168(4)：040519.

ZHANG X J,YI Y N,ZHU H B,et al. 2018. Measurement of tensile strength of nuclear graphite based on ring compression test[J]. Journal of Nuclear Materials,511：134-140.

ZHANG Z,WU Z,XU Y,et al. 2004. Design of Chinese modular high-temperature gas-cooled reactor HTR-PM[C]. Proceedings of the 2nd International Topical Meeting on High Temperature Reactor Technology,Beijing.

ZHOU X W,TANG Y P,LU Z M,et al. 2017. Nuclear graphite for high temperature gas-cooled reactors [J]. New Carbon Materials,32(3)：193-204.

ZHOU X W,YANG Y,SONG J,et al. 2018. Carbon materials in a high temperature gas-cooled reactor pebble-bed module[J]. New Carbon Materials,33(2)：97-108.

ZUO K,YI S,ZHENG W. 1997. Development of nuclear-pure natural flake graphite[J]. High technology letters,44-48.

陈伯清. 2006. 高温气冷堆的技术特点与发展前景[J]. 引进与咨询,12：3-4.

陈虹,冷文军.2008.美、俄核潜艇技术发展述评[J].舰船科学技术,2:39-45.

陈善科.2002.核动力航空母舰的发展概况与特点[J].国外核动力,23(1):2-7.

陈辛.1983.空间核动力卫星[J].国外空间动态,(3):14-17.

杜国平.2010."列宁"号核动力破冰船[J].集邮博览,5:79-80.

樊吉社.2015.核安全全球治理:历史、现实与挑战[J].国际安全研究,2:20-39.

符晓铭,王捷.2007.高温气冷堆在我国的发展综述[J].现代电力,23(5):70-75.

高富强,杨军,刘永茜,等.2009.岩石准静态和动态冲击试验及尺寸效应研究[J].煤炭科学技术,37(4).

郭保桥,陈鹏万,谢惠民,等.2011.虚位移场方法在石墨材料力学参数测量中的应用[J].实验力学,26(5):565-572.

何思明,吴永,李新坡.2009.滚石冲击碰撞恢复系数研究[J].岩土力学,30(3).

侯健,顾祥林,林峰.2008.混凝土块体碰撞过程中的动能损耗[J].同济大学学报(自然科学版),36(7).

姜永伟.2013.最后的航空"核盛宴":冷战时期苏联研制核动力飞机揭秘[J].兵器知识,8:70-73.

赖勇.2009.围压对杨氏模量的影响分析[J].重庆交通大学学报(自然科学版),28(2):246-249.

李春光,王水林,郑宏,等.2007.多孔介质孔隙率与体积模量的关系[J].岩土力学,28(02):83-86.

梁家惠,林耀海.1999.碰撞过程的瞬态数字测量[J].大学物理,18(5):20-22.

刘宏斌,苗强.2013.球床式高温气冷堆的核保障方案研究[R].中国原子能科学研究院年报:231-232.

刘伟先,周光明,高军,等.2013.考虑剪切非线性影响的复合材料连续损伤模型及损伤参数识别[J].复合材料学报,30(6):221-226.

罗浩源.一种基于微型发动机的核动力飞机.中国:CN201510743465.0[P],2016-02-03.

宁建国,商霖,孙远翔.2006.混凝土材料冲击特性的研究[J].力学学报,38(2).

欧阳予.2007.世界核电技术发展趋势及第3代核电技术的定位[J].发电设备,21(5):325-331.

潘立慧,方庆舟,许斌.2001.黏结剂用煤沥青的发展状况[J].炭素,(3):33-42.

沙振舜,乌霞生.1989.气垫导轨实验[M].上海:上海科技出版社.

沈苏,苏宏.2004.高温气冷堆的特点及发展概况[J].东方电气评论,(01):51-55.

史力,王洪涛,王海涛,等.2011.核级石墨材料断裂韧性实验研究[J].核动力工程,32:185-188.

苏水香.2012.浅谈核辐射污染危害防护[J].城市建设理论研究(电子版),22:1-4.

唐春和.2007.高温气冷堆燃料元件[M].北京:化学工业出版社.

汪超洋,张振声,于溯源.2001.高温气冷堆石墨材料强度的评价[J].核动力工程,22(4),321-323.

汪超洋.2002.高温气冷堆反射层石墨砖的概率论安全评价[D].北京:清华大学硕士论文.

王泓杰,史力,王晓欣,等.2017.IG-110石墨强度分布与失效概率研究[J].核动力工程,38:56-60.

王世학.2005.第四代核电站与中国核电的未来[J].科学,1:4+22-25.

吴仲杰.2019.核动力飞机的可行性研究[J].内燃机与配件,281(05):234-236.

吴宗鑫,张作义.2000.世界核电发展趋势与高温气冷堆[J].核科学与工程,3:20-28+40.

吴宗鑫,张作义.2004.先进核能系统和高温气冷堆[M].北京:清华大学出版社.

吴宗鑫.2000.我国高温气冷堆的发展[J].核动力工程,21(1):39-43.

徐世江,康飞宇.2011.核工程中的炭和石墨材料[M].北京:清华大学出版社.

徐小杰,程覃思.2015.我国核电发展趋势和政策选择[J].中国能源,37(1):5-9.

许杨剑,李翔宇,王效贵.2013.基于遗传算法的功能梯度材料参数的反演分析[J].复合材料学报,30(4):170-176.

姚文莉.2004.考虑波动效应的碰撞恢复系数研究[J].山东科技大学学报(自然科学版),23(2).

易亚楠,张小娟,马少鹏,等.2019.基于数字图像相关方法的核石墨力学参数测量[J].核动力工程,(3):61-65.

尹怀勤.2009.美欧拟合作研发核动力火星探测器[J].太空探索,(9):32-34.

尤明庆.2003.岩石试样的杨氏模量与围压的关系[J].岩石力学与工程学,22(1):53-60.

予阳.2004.核动力第一舰[长滩]号[J].舰载武器,(2):45-49.

张力.2000.核安全：回顾与展望[J].中国安全科学学报,2：15-20.

张玉敏,张先京,张世伟,等.2014.事故工况下核反应堆内放射性物质的释放及其危害分析[J].舰船防化,(3)：1-7.

赵木.2014.高温气冷堆核级石墨相关问题研究[J].核安全,13(4)：34-37.

周红波,齐炜炜,陈景.2015.模块式高温气冷堆的特点与发展[J].中外能源,9：45-50.

周平坤.2011.核辐射对人体的生物学危害及医学防护基本原则[J].首都医科大学学报,(2)：7-12.

朱安文,刘飞标,杜辉,等.2017.核动力深空探测器现状及发展研究[J].深空探测学报,(5)：405-416.

邹树梁.2005.世界核电发展的历史、现状与新趋势[J].南华大学学报(社会科学版),(6)：39-43.